中学3年間の数学を8時間でやり直す本

間地秀三
Shuzo Mazi

PHP研究所

はじめに

順序が工夫されているから、わかりやすい！
コツがわかるから簡単に解ける！

　中学3年間で学ぶ数学は、すべての数学のベースです。

　でも、大人になっても解き方をちゃんと覚えている人はあまりいないもの。また中学生でも、数学は小学校時代の算数よりもグンと難しくなるイメージがあるため、苦手になってしまった人もたくさんいるでしょう。

　そのような大人の人でも中学生でも、**せっかく数学をやり直すなら、重要なポイントを学びやすく書いてある本があったらいいな**、と思うはずです。

　ところが教科書は、学習する側（私たち）からすれば、必ずしもわかりやすい学習の進め方になっているとは限りません。

　そこで本書では、「正の数と負の数」「文字式」「1次方程式」、そのあとすぐに「連立方程式」を学びます。「正の数と負の数」「文字式」「1次方程式」、この方面の学力がついてきた時の勢いがあるうちに、関連のある連立方程式を学習するほうが**はるかに楽だし、力もつく**だろうということは、容易に想像していただけるのではないでしょうか？

　長年の経験から、この順序だと数学の学習は確かに楽です。

　同様な理由で、「1次関数」のあとは「関数$y=ax^2$」をやります。「図形」は図形でまとめてやります。いろいろな図形の証明の仕方などは、攻め方が同じですから一気にまとめてやるほうが、はるかに簡単なことはいうまでもありません。

　本書では、このように合理的なカリキュラムで学習します。

　ところで、学習の進め方がいいだけでは十分ではありません。数学を習う側からすれば、あと一つ〈ポイントがつかめるかどうか〉これが重要です。本書では、「ここがコツ」という形で、ポイントを簡潔にまとめて提示しました。このポイントにしたがえば、簡単に問題が解けるようになります。

　繰り返しになりますが、学習する順序が、学びやすい流れになっていること、「ここがコツ」という形でポイントが簡単につかめること、以上の2点により、中学数学を8時間でやり直すことが十分に可能だと思います。この2点に着目して、本書に取り組んでみてください。

　使ってみて確かに良かった、そんな反応がかえってくることを期待しています。

間地秀三

中学3年間の数学を
8時間でやり直す本

目次
CONTENTS

はじめに

PART 1　正の数と負の数

1　＋どうし－どうしの足し算 ······················· 6
2　＋と－の足し算 ································· 7
3　＋と－が複数ある足し算 ························· 8
4　掛け算と割り算 ································ 10
5　四則の計算 ···································· 12

PART 2　文字式

1　文字式と省略 ·································· 16
2　文字式の計算 ·································· 19
3　式の値 ·· 23
4　文字で数量を表す ······························ 25

PART 3　1次方程式

1　1次方程式の計算 ······························· 27
2　1次方程式の文章題 ····························· 31

PART 4　連立方程式

1　連立方程式の解き方 ···························· 37
2　連立方程式の文章題 ···························· 46

PART 5　因数分解と展開

1. $ma+mb=m(a+b)$ ································· 50
2. $x^2+(a+b)x+ab=(x+a)(x+b)$ ················ 51
3. $x^2+2ax+a^2=(x+a)^2$ ························· 53
4. $x^2-2ax+a^2=(x-a)^2$ ························· 55
5. $x^2-a^2=(x+a)(x-a)$ ·························· 57
6. $mx^2+m(a+b)x+mab=m(x+a)(x+b)$ ······ 59
7. 式による証明 ······································· 61

PART 6　平方根

1. 平方根とは？ ······································· 64
    - **コラム**　√（ルート）のものさしで平方根になじもう ······ 68
2. 平方根の計算 ······································· 69

PART 7　2次方程式

1. 2次方程式の計算 ··································· 76
2. 2次方程式の文章題 ································ 80

PART 8　確率

1. 確率を求める ······································· 84

PART 9　1次関数

1. 1次関数とは？ ····································· 89
2. グラフを書く ······································· 90
3. 1次関数の式を求める ···························· 92
4. グラフの交点を求める ··························· 95

PART 10　関数 $y=ax^2$

1. グラフを書く ･･････････････････････････････････････ 98
2. $y=ax^2$ の a を求める ･････････････････････････････ 101
3. グラフの交点を求める ･････････････････････････････ 103
4. 変化の割合 ･･･････････････････････････････････････ 105

PART 11　図形

1. 合同の証明 ･･･････････････････････････････････････ 107
2. 相似の証明 ･･･････････････････････････････････････ 113
3. 平行線の性質 ･････････････････････････････････････ 117
4. 円周角と相似 ･････････････････････････････････････ 120

PART 12　三平方の定理

1. 平面図形と三平方 ･････････････････････････････････ 124
2. 空間図形と三平方 ･････････････････････････････････ 126

装幀●一瀬錠二（Art of NOISE）
装画●小泉陽子

PART 1　正の数と負の数

1　＋どうし－どうしの足し算

> **ここがコツ**　－3と－4で＝－7とみる

このあたりは、ゲームの計算を通して学ぶと簡単です。

1点勝つと＋1、2点負けると－2、のように表します。

では、下の計はどうなるでしょう。

1回	2回	計
＋3	＋4	

1回	2回	計
＋3	＋4	＋7

（3点勝ち）＋3と、（4点勝ち）＋4だから、（7点勝ち）＋7になります。

式で表すと、＋3と＋4で＝＋7になります。

＋3は3、＋7は7と書いてもわかりますから3＋4＝7でも結構です。

では、下の計はどうなるでしょう。

1回	2回	計
－3	－4	

1回	2回	計
－3	－4	－7

（3点負け）－3と、（4点負け）－4だから、（7点負け）－7になります。

式で表すと、－3と－4で＝－7になります。

－3－4＝－7を引き算とみないで、このような感じで解けば簡単です。

演習　次の計算をしてください。

① －4－7　　② －11－6　　③ －6－9

答と解説

① －4と－7で＝－11　……答

② －11と－6で＝－17　……答

③ －6と－9で＝－15　……答

2 ＋と－の足し算

> **ここがコツ** －5＋3＝－(5－3)＝－2と計算

6ページでやったゲームの計算と同じルールで考えてみましょう。
下の計はどうなるでしょう。

1回	2回	計
－5	＋3	

1回	2回	計
－5	＋3	－2

（5点負け）－5と、（3点勝ち）＋3だから、（2点負け）－2になります。

この計算は暗算でもできますが、頭の中では、負けのほうが多いから、さしあたり（負け）－で、どれだけ負けたかを（5－3）で計算しています。

式で書くと、

－5 と ＋3 で ＝ －(5－3) ＝ －2 です。

（負け）－が　これだけ

今度は、－12.3＋15.6を計算してみましょう。

－12.3 と ＋15.6 で ＝ ＋(15.6－12.3) ＝ ＋3.3

（勝ち）＋が　これだけ

まず、（勝ち）＋か、（負け）－を決め、そのあとどれだけ勝ったか負けたかを計算します。

演習 次の計算をしてください。

① 7.8－15.6　② －5.1＋11.3

答と解説

① 7.8 と －15.6 で ＝ －(15.6－7.8) ＝ －7.8　……答

② －5.1 と ＋11.3 で ＝ ＋(11.3－5.1) ＝ ＋6.2　……答

PART 1 正の数と負の数

3 ＋と－が複数ある足し算

ここがコツ －5＋3－7＋4＝－5－7＋3＋4

下の計はどうなるでしょう。

1回	2回	3回	4回	計
－5	＋3	－7	＋4	

このままではやりにくいので、負けどうし勝ちどうしを集めます。

－5　－7　＋3　＋4

そして、(負け)－どうしと(勝ち)＋どうしをそれぞれ計算します。
(5点負け)－5と(7点負け)－7、だから(12点負け)－12
(3点勝ち)＋3と(4点勝ち)＋4、だから(7点勝ち)＋7

ここまでを式で表すと、

$$-5 \ +3 \ -7 \ +4$$
$$= -5 \ -7 \ +3 \ +4 \quad ← 負け（負の数）と勝ち（正の数）を集める$$
$$= -12 \ +7 \quad ← 負の数どうしと正の数どうしを計算する$$

ここから先は、復習です。

$$\underset{と}{-12} \underset{で}{+7} = -(12-7) = -5$$

（負け）－が　これだけ

このような計算では、まず負の数どうしと正の数どうしを集めます。

もう1問やってみましょう。

$$-1.2 + 3.5 - 2.3 + 5.2 = -1.2 - 2.3 + 3.5 + 5.2$$
$$= -3.5 \ +8.7$$
$$= +(8.7 - 3.5)$$
$$= +5.2 \ \cdots\cdots 答$$

> **演 習** 次の計算をしてください。
>
> ① $-4+15+12-27$　② $-2.6+5.7-2.4+5.6-1.3$

答と解説

① 　$-4+15+12-27$

　$=-4-27+15+12$

　$=\quad -31\quad +27$

　$=-(31-27)$

　$=-4$　……答

② 　$-2.6+5.7-2.4+5.6-1.3$

　$=-2.6-2.4-1.3+5.7+5.6$

　$=\quad -6.3\quad\quad +11.3$

　$=+(11.3-6.3)$

　$=+5$　……答

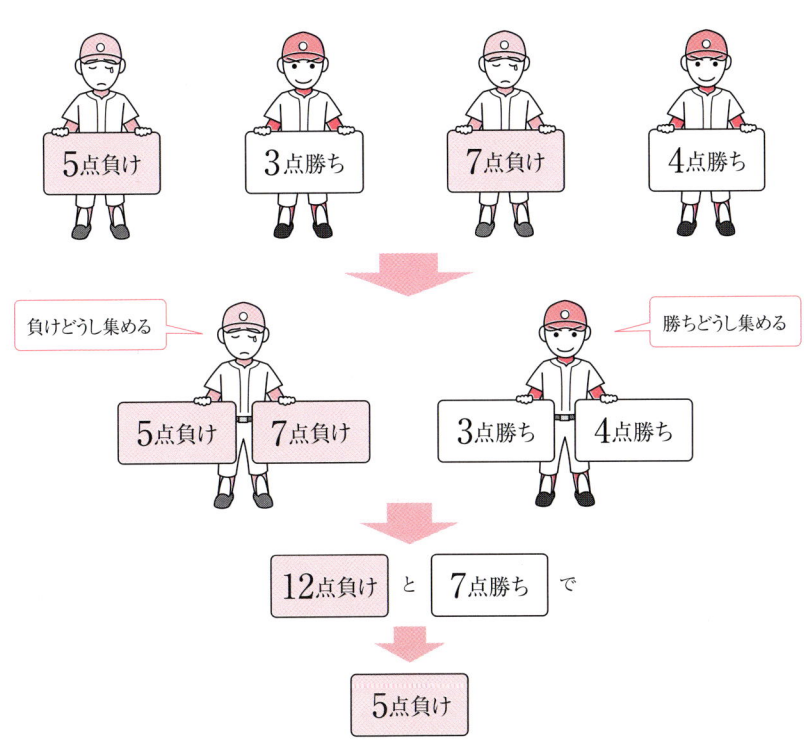

PART 1 正の数と負の数

4 掛け算と割り算

> **ここがコツ** 負の数が：奇数なら− 偶数なら＋

　掛け算・割り算（あるいはその混ざった計算）の答の符号（＋，−）は、負の数の個数を数えて決めます。たとえば、−5×6の答の符号は、負の数が、−5の1個（奇数）ですから、−です。−5×6＝−30です。

　もう1問やってみましょう。

　−3×4×(−5)×2の答の符号は負の数が、−3と−5の2個（偶数）ですから、＋です。−3×4×(−5)×2＝＋120です。

演習 次の計算をしてください。

① −5×(−5)×9
② 3×(−3)×(−6)×(−10)÷(−18)
③ −0.5×(−1.5)×10
④ $-\dfrac{3}{4} \times \left(-\dfrac{5}{6}\right) \times \left(-\dfrac{3}{10}\right)$
⑤ 840÷(−7)÷(−5)÷(−3)÷(−2)

答と解説

① −5×(−5)×9＝＋225　……**答** ←負の数が2個（偶数）

(注)＋1＝1、＋2＝2、＋3＝3のように＋は省略できますから、＋225ではなくて、225と書いても正解です。

② 3×(−3)×(−6)×(−10)÷(−18)＝＋30　……**答** ←負の数が4個（偶数）
③ −0.5×(−1.5)×10＝＋7.5　……**答** ←負の数が2個（偶数）
④ $-\dfrac{3}{4} \times \left(-\dfrac{5}{6}\right) \times \left(-\dfrac{3}{10}\right) = -\dfrac{3}{16}$　……**答** ←負の数が3個（奇数）
⑤ 840÷(−7)÷(−5)÷(−3)÷(−2)＝＋4　……**答** ←負の数が4個（偶数）

> **ここが　コツ**
> $4^2 = 4 \times 4 = 16$　　$(-4)^2 = (-4) \times (-4) = +16$
> $-4^2 = -1 \times 4 \times 4 = -16$　　$(-4^2) = -16$

ここが苦手な人が多いようです。はっきりさせましょう。

4^2は **4の2乗** と読みます。4を2回掛けるという意味です。つまり $4^2 = 4 \times 4 = 16$ です。

$(-4)^2$は **(-4) の2乗** と読みます。(-4) を2回掛けるという意味です。

$(-4)^2 = (-4) \times (-4) = +16$　←負の数が2個（偶数）だから答の符号は+。

$-4^2 = -1 \times 4^2$ の意味です。計算すると $-4^2 = -1 \times 4^2 = -1 \times 4 \times 4 = -16$ となります。

(-4^2) は $-4^2 = -16$ が（　）に入っただけだから $(-4^2) = (-16) = -16$ です。

演習　次の計算をしてください。

① $(-3)^2$　　② $-(-2)^2$　　③ -3^2

答と解説

① $(-3)^2 = (-3) \times (-3) = +9$　……答

② $-(-2)^2 = -1 \times (-2)^2 = -1 \times (-2) \times (-2) = -4$　……答

③ $-3^2 = -1 \times 3^2 = -1 \times 3 \times 3 = -9$　……答

演習　(　)に符号を入れてください。

① $-5^2 = (\quad)25$　　② $(-5)^2 = (\quad)25$　　③ $(-5^2) = (\quad)25$

答

① $-5^2 = (-)25$　　② $(-5)^2 = (+)25$　　③ $(-5^2) = (-)25$

[1個目]　[2個目]　　　[3個目]　　−が3個なので−

$-6 \times (-9) \div (3) \div (-2) = -9$

答の符号（+, −）は、負（−）の数を数えて　→ 偶数個あれば、+
　　　　　　　　　　　　　　　　　　　　→ 奇数個あれば、−

PART 1　正の数と負の数

5 四則の計算

> **ここがコツ** $4×(-3)\ -25÷(-5)$ とみる

私たちは以下のような計算式をみた場合に、たいへんだなあと思います。
$5×(-6)-(-12)÷(-3)-2×(-3)×(-4)$

しかし以下のように、掛け算（割り算）の部分を、符号を含めたひとかたまりでとらえれば、簡単に解決できてしまいます。

$\underbrace{5×(-6)}_{\text{負の数1個}}$ と $\underbrace{-(-12)÷(-3)}_{\text{負の数3個}}$ と $\underbrace{-2×(-3)×(-4)}_{\text{負の数3個}}$

$=\ \ -30\ \ $ と $\ \ -4\ \ $ と $\ \ -24\ \ =-58$ で

以下、例と演習を通してこの実践的なやり方に慣れてください。

例 $-7-5×3=-7$ と $\underbrace{-5×3}_{\text{符号を含めたひとかたまり、負の数1個}}$ で -7 と -15 で -22

例 $7×(-3)-(-8)×(-3)=\boxed{7×(-3)}$ と $\boxed{-(-8)×(-3)}$

$=\ \ -21\ \ $ と $\ \ -24\ \ =-45$ で

演習 次の計算をしてください。

① $-8-9×(-4)$
② $6×(-3)-12÷(-3)×8$
③ $-9×(-\frac{1}{3})-15×(-\frac{2}{3})$
④ $25×(-\frac{2}{5})-6×(-\frac{5}{2})-18÷(-6)×(-5)$

答と解説

① $-8-9×(-4)=-8+36=+(36-8)=+28$ ……答

② $6 \times (-3) - 12 \div (-3) \times 8 = -18 + 32 = +(32-18) = +14$ ……答

③ $-9 \times (-\frac{1}{3}) - 15 \times (-\frac{2}{3}) = +3 + 10 = +13$ ……答

④ $25 \times (-\frac{2}{5}) - 6 \times (-\frac{5}{2}) - 18 \div (-6) \times (-5)$

$= -10 + 15 - 15$

$= -10 - 15 + 15$

$= -25 + 15$

$= -10$ ……答

　正の数と負の数のメインテーマである計算は終わりました。ここからは、計算以外で押さえておきたいことを取り上げます。

ここがコツ　数の大小　数直線の右が大

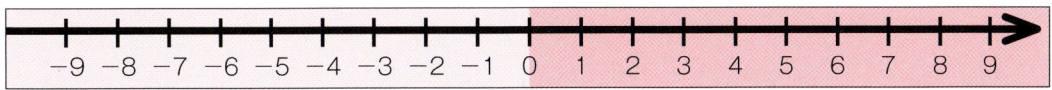

　数直線の右にあればあるほど数は大きくなります。

　-6と-5では、-5のほうが数直線の右にあるので大です。

　-1と1では、1のほうが数直線の右にあるので大です。

　2つの数の大小関係を表すのに不等号を使いますが。その決まりは開いたほうの数が大ということです。

　＜ 開いたほうが大　　開いたほうが大 ＞

　-6と-5では、-5のほうが大ですから、$-6<-5$あるいは、$-5>-6$のように表します。

演習　（　）に不等号を入れてください。

① $-8(\ )-2$　　② $0(\ )-3$　　③ $-5.5(\ )2$

答

① $-8(<)-2$　　② $0(>)-3$　　③ $-5.5(<)2$

ここがコツ 絶対値は0からの距離

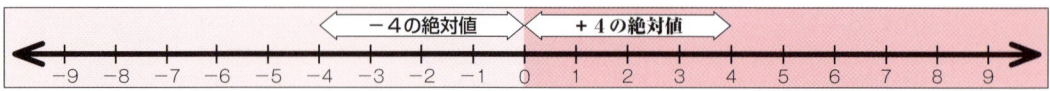

−4の絶対値は0から−4までの距離だから4。
+4の絶対値は0から+4までの距離だから4。

> 絶対値に符号はつけません！

絶対値が4（0からの距離が4）である数は、−4と+4です。

演習 （　）をうめてください。

① −4.5の絶対値は（　　　）　② +8.2の絶対値は（　　　）

③ 絶対値が5.6である数は（　　　）と（　　　）

答

① −4.5の絶対値は（ 4.5 ）　② +8.2の絶対値は（ 8.2 ）

③ 絶対値が5.6である数は（ −5.6 ）と（ +5.6 ）

ここがコツ 300円の収入が+300円なら、支出は−300円

4m高いを+4mと表すと、4m低いは−4mになります。

このように反対の意味をもつ言葉（ここでは、高い・低い）に+，−を対応させて表すことができます。

演習 （　）をうめてください。

① 体重6kg減少を−6kgと表すと、6kg増加は（　　　）kg

② 0を基準に0から3km東にある地点を+3kmと表すと、0から4km西の地点は（　　　）km

③ 5万円の黒字を+5万円と表すと、7万円の赤字は（　　　）万円

④ エレベーターが4m（　　　）ことを+4mと表すと、6m下がることは−6m

答

① 体重6kg減少を−6kgと表すと、6kg増加は（ +6 ）kg

②0を基準に0から3km東にある地点を＋3kmと表すと、0から4km西の地点は（－4）km

③5万円の黒字を＋5万円と表すと、7万円の赤字は（－7）万円

④エレベーターが4m（上がる）ことを＋4mと表すと、6m下がることは－6m

ここがコツ　－2m低い→2m低いの反対→＋2m高い

「－2m低い（のような不自然な表現）を正の数を使って表してください」というような問題が出ます。こういうときには－（マイナス）を「の反対」と読みかえます。

－2m低い→ 2m低い →＋2m高い
　　　　　　の反対

このように機械的にやれば簡単です。

演習 次のことを正の数を使って表してください。

①－4m南　　②－7m前進　　③－10万円の黒字

答と解説

①4m南の反対→＋4m北　……答

②7m前進の反対→＋7m後退　……答

③10万円の黒字の反対→＋10万円の赤字　……答

演習 次のことを負の数を使って表してください。

①（＋）2年前　　②（＋）300人の増加

答と解説

①－2年後〈2年後の反対→（＋）2年前でOK〉

　答　－2年後

②－300人の減少〈300人の減少の反対→（＋）300人の増加でOK〉

　答　－300人の減少

PART 1　正の数と負の数

PART 2　文字式

1　文字式と省略

ここがコツ　$4 \times a = 4a \quad 4 \times c \times b = 4bc$

$4 \times a = 4a$ のように、文字式では×は省略します。
また、$4 \times c \times b = 4bc$ のように×を省略するとともに、数字を先頭に文字はアルファベット順に並べ変えます。

演習　次の式を×を省略して表してください。

① $-5 \times b$　② $6 \times y \times x$　③ $n \times (-4) \times m$

答と解説

① $-5 \times b = -5b$　……**答**

② $6 \times y \times x = 6xy$　……**答**

③ $n \times (-4) \times m = -4mn$　……**答**（数字が先頭、アルファベット順）

ここがコツ　$1 \times a = a \qquad -1 \times a = -a$

$1 \times a$ の×を省略すると、$1a$ ですが、文字式では1は省略するので、$1 \times a = a$ となります。$-1 \times a$ の×を省略すると、$-1a$ ですが、文字式では1は省略するので、$-1 \times a = -a$ となります。

演習　次の式を×を省略して表してください。

① $1 \times b \times c$　② $-1 \times d \times c$　③ $e \times (-1) \times d$

答と解説

① $1 \times b \times c = bc$　……**答**（×と1を省略）

② $-1 \times d \times c = -cd$　……**答**（×省略、数字が先頭、1を省略、アルファベット順）

③ $e \times (-1) \times d = -de$　……**答**（×省略、数字が先頭、1を省略、アルファベット順）

> **ここがコツ** $a \times a = a^2$

$3 \times 3 = 3^2$ と表しました。文字式でも同様で $a \times a = a^2$ と表します。

演習 次の式を×を省略して表してください。

① $m \times m$　② $y \times y$

答

① $m \times m = m^2$ ……**答**　② $y \times y = y^2$ ……**答**

> **ここがコツ** $a \div b = \dfrac{a}{b}$

$3 \div 4 = \dfrac{3}{4}$ と表せました。文字式でも同様で、$a \div b = \dfrac{a}{b}$ と表せます。

演習 ÷を省略して表してください。

① $b \div c$　② $x \div y$　③ $m \div n$

答

① $b \div c = \dfrac{b}{c}$ ……**答**　② $x \div y = \dfrac{x}{y}$ ……**答**　③ $m \div n = \dfrac{m}{n}$ ……**答**

> **ここがコツ** $x \times y - (a + b \times c) = xy - (a + bc)$

文字式では、×，÷，×1を省略しましたが、−，＋、また、（　）は中に足し算や引き算があるときは省略しません。

$a \div b + y \times x$ では、÷と×は省略、アルファベット順で＋は省略しませんから、
$a \div b + y \times x = \dfrac{a}{b} + xy$ となります。

$x \times y - (a + b \times c)$ では−（　）＋は省略しませんから、
$x \times y - (a + b \times c) = xy - (a + bc)$ となります。

PART 2 文字式

> **演習** 次の式を省略できるところは省略して表してください。
>
> ① $4 \times x + c \div d$ ② $-1 \times a - 3 \times n \times m$ ③ $3 \times (c-d)$
> ④ $e \times e + (4 \times h \times f - 6 \div y)$ ⑤ $(k-s) \times 6$ ⑥ $a \times a \times b - c \div d$

答

① $4 \times x + c \div d = 4x + \dfrac{c}{d}$ ……答

② $-1 \times a - 3 \times n \times m = -a - 3mn$ ……答

③ $3 \times (c-d) = 3(c-d)$ ……答

④ $e \times e + (4 \times h \times f - 6 \div y) = e^2 + \left(4fh - \dfrac{6}{y}\right)$ ……答

⑤ $(k-s) \times 6 = 6(k-s)$ ……答

⑥ $a \times a \times b - c \div d = a^2 b - \dfrac{c}{d}$ ……答

文字式のルール

$\boxed{c} \times \boxed{4} \times \boxed{b}$ ➡ $\boxed{4}\,\boxed{b}\,\boxed{c}$

- 文字(アルファベット)の掛け算は abcd……の順に書く。
- ×は省く。
- 数と文字の掛け算では、数のほうを先にする。

$\boxed{3} \div \boxed{4}$ ➡ $\dfrac{3}{4}$

$\boxed{a} \div \boxed{b}$ ➡ $\dfrac{a}{b}$

- 割り算は、分数にする。

2 文字式の計算

ここがコツ $2a + 3b + 3a - 2b = 5a + b$

$2a + 3a = 5a$ はわかるとして、$2a - 10a = -8a$ が苦手な人が多々みられます。このような計算では、まず数字を計算したあとで文字をつけます。

$2a - 10a = -8a$ では、数字の計算が、$2 - 10 = -8$。これに文字 a をつけて、$-8a$ となります。

演習 次の計算をしてください。

① $-3b - 13b$ 　② $12x - 25x$

答と解説

① 数字の計算が、$-3 - 13 = -16$。これに b をつけて $-16b$ ……答

② 数字の計算が、$12 - 25 = -(25 - 12) = -13$。これに x をつけて $-13x$ ……答

文字の部分に違うものが混ざった計算では、以下のように文字の部分が同じものどうしをまとめます。$2a + 3b + 3a - 2b = 5a + b$

演習 次の計算をしてください。

① $2x + 4 - 6x + 2$ 　② $-2y - 4 - 7y - 8$
③ $x - 2y + 3y - 9x$ 　④ $2a - 7b - 5a + 13b$

答と解説

① $2x + 4 - 6x + 2 = -4x + 6$ ……答

② $-2y - 4 - 7y - 8 = -9y - 12$ ……答

③ $x - 2y + 3y - 9x = -8x + y$ ……答

④ $2a - 7b - 5a + 13b = -3a + 6b$ ……答

> **ここがコツ** $2(a+b) = 2a + 2b$

この計算は以下のイメージがあれば簡単です。

鉛筆1本と消しゴム1個のセットを2セット買うと、鉛筆が2本と消しゴムが2個です。

(✏+▮) + (✏+▮) → ✏✏▮▮

同じものを2つは、2倍で表せるので、

$2 × (✏+▮) = 2×(✏) + 2×(▮)$　✏をa、▮をbで表すと、

$2 × (a+b) = 2×a + 2×b$　文字式の省略をすると、

$2(a+b) = 2a+2b$

このように（　）の前に2があれば**aも2倍、bも2倍**です。

これをきっちりやるために、本書では必要に応じて以下のように矢印を入れます。

$2(a+b) = 2a+2b$

演習　（　）をはずしてください。

① $2(x+2)$　　② $-2(a+b)$　　③ $-3(x-5)$

答と解説

① $2(x+2)$　セット買いのイメージで、xも2倍、$+2$も2倍です。

　$2(x+2) = 2x+4$　……**答**

② $-2(a+b)$　セット買いのイメージで、aも-2倍、$+b$も-2倍です。

　$-2(a+b) = -2a-2b$　……**答**

③ $-3(x-5)$　セット買いのイメージで、xも-3倍、-5も-3倍です。

　$-3(x-5) = -3x+15$　……**答**　$-3×(-5) = +15$

> **ここがコツ**　$(a+b) = a+b$　　$-(a+b) = -a-b$

$1×a = a$でした。$1×(a+b) = (a+b)$ です。そこで、

$(a+b) = 1×(a+b) = a+b$です。

$-1×a = -a$でした。$-1×(a+b) = -(a+b)$ です。そこで、

$-(a+b) = -1×(a+b) = -a-b$です。

（　）なら1、−（　）なら−1を掛けます。

> **演習**　（　）をはずしてください。
>
> ① $(x-2)$　　② $-(x+3)$　　③ $-(x-2)$

答と解説

① $(x-2) = 1 \times (x-2) = x-2$ ……答
② $-(x+3) = -1 \times (x+3) = -x-3$ ……答
③ $-(x-2) = -1 \times (x-2) = -x+2$ ……答

> **ここがコツ**　$2x + 3(x+2) = 2x + 3x + 6$

　正の数と負の数では下のように掛け算（割り算）の部分を、符号を含めたひとかたまりでとらえれば、簡単に解決できました。

$-7 - 5 \times 3 = -7 \text{ と } -5 \times 3 = -7 - 15 = -22$

文字式でも同様です。　符号を含めたひとかたまり、負の数1個

$2x + 3(x+2) = 2x \text{ と } +3 \times (x+2)$ ととらえます。

そして、$+3 \times (x+2) = 3x + 6$、このように（　）をはずします。

まとめて書くと、

$2x + 3 \times (x+2) = 2x + 3x + 6 = 5x + 6$ となります。

もう1問やってみましょう。

$3x - (x-2) = 3x - 1 \times (x-2) = 3x - x + 2 = 2x + 2$

> **演習**　次の計算をしてください。
>
> ① $3(a-5) - (2a+4)$
> ② $2(5y-5) - 3(y-7)$
> ③ $2(a-b) + 4(2a+b)$
> ④ $4(5x-2y) - 3(6x-3y)$
> ⑤ $3(a+2b+c) - 2(3a-2b-c)$
> ⑥ $6(x-y-2) - (x-y+4)$

答と解説

① $3(a-5)-(2a+4) = 3a-15-2a-4 = a-19$ ……答

② $2(5y-5)-3(y-7) = 10y-10-3y+21 = 7y+11$ ……答

③ $2(a-b)+4(2a+b) = 2a-2b+8a+4b = 10a+2b$ ……答

④ $4(5x-2y)-3(6x-3y) = 20x-8y-18x+9y = 2x+y$ ……答

⑤ $3(a+2b+c)-2(3a-2b-c) = 3a+6b+3c-6a+4b+2c$
 $= -3a+10b+5c$ ……答

⑥ $6(x-y-2)-(x-y+4) = 6x-6y-12-x+y-4$
 $= 5x-5y-16$ ……答

ここがコツ $(9x-6) \div 3 = (9x-6) \times \dfrac{1}{3} = \dfrac{1}{3}(9x-6)$

割り算の答は簡単な場合は、$2 \div 3 = \dfrac{2}{3}$ のように出せますが、$\dfrac{2}{3} \div 2$ のような場合は困ってしまいます。

こういう場合、**割り算は逆数**（27ページ）**を掛ける**を使います。

2の逆数は $\dfrac{1}{2}$ なので、÷2を×$\dfrac{1}{2}$ に変えて、$\dfrac{2}{3} \div 2 = \dfrac{2}{3} \times \dfrac{1}{2}$ とします。また、掛け算では $2 \times 3 = 3 \times 2$ のように順序を変えられるので、$\dfrac{2}{3} \div 2 = \dfrac{2}{3} \times \dfrac{1}{2} = \dfrac{1}{2} \times \dfrac{2}{3}$ とできます。

以上のことから、$(9x-6) \div 3 = (9x-6) \times \dfrac{1}{3} = \dfrac{1}{3}(9x-6) = 3x-2$。

一見難しそうな割り算も、逆数を掛けるがわかれば、簡単に計算できますね。

3 式の値

> **ここがコツ** $a = -4$ のとき $-a^2$ の式の値 → $-(-4)^2$

文字に数字を代入して式の値を計算するときには、（ ）つきで代入するのが確実です。

a^2 なら $(a)^2$、$-a^2$ なら $-(a)^2$、$a-b$ なら $(a)-(b)$ とイメージして代入します。以下、例と演習で慣れましょう。

例 $a=-4$ のとき $-a^2$ の式の値を求めてください。

$-(a)^2$ に $a=-4$ を代入して、$-(-4)^2 = -1 \times (-4) \times (-4) = -16$

例 $a=-2$　$b=3$ のときの $a-b$ の式の値を求めてください。

$(a)-(b)$ に $a=-2$、$b=3$ を代入して、$(-2)-(3) = -2-3 = -5$

演習 $x=3$　$y=-4$ のとき、次の式の値を求めてください。

① $5x-y$　　② $4xy$　　③ $7x-5y-2x+3y$
④ $4(x-3y)-(2x+y)$

答と解説

① $5x-y = 5 \times (x) - 1 \times (y)$ とみて代入します。
$\qquad 5 \times (3) - 1 \times (-4) = 15 + 4 = 19$　……**答**

② $4xy = 4 \times (x) \times (y)$ とみて代入します。
$\qquad 4 \times (3) \times (-4) = -48$　……**答**

③ $7x-5y-2x+3y$ は、このまま代入せずに、同じ文字をまとめて代入するほうが楽です。

$7x-5y-2x+3y = 5x-2y = 5 \times (x) - 2 \times (y)$ とみて代入します。
$5 \times (3) - 2 \times (-4) = 15 + 8 = 23$　……**答**

④ $4(x-3y)-(2x+y) = 4x-12y-2x-y = 2x-13y$

これに代入します。$2×(3)-13×(-4) = 6+52 = 58$ ……答

> **ここがコツ** $a^2 × a^3 = a^{2+3} = a^5$
> $(a^2)^3 = a^{2×3} = a^6$

まず $a^2 × a^3 = a^{2+3} = a^5$ から考えましょう。

$a^2 × a^3 = \underline{a × a × a × a × a} = a^5$ です。

a を $(2+3)=5$ 個掛けますから、下のように計算することができます。

$$a^2 × a^3 = a^{2+3} = a^5$$

次は $(a^2)^3 = a^{2×3} = a^6$ です。

$(a^2)^3 = (a^2)×(a^2)×(a^2) = (a×a)×(a×a)×(a×a) = a^6$

a を $(2×3)=6$ 個掛けますから、下のように計算することができます。

$$(a^2)^3 = a^{2×3} = a^6$$

演 習 （ ）をうめてください。

① $a^3 × a^4 = a^{(\ \ )} = a^{(\ \ )}$
② $a^m × a^n = a^{(\ \ )}$
③ $(a^3)^5 = a^{(\ \ )} = a^{(\ \ )}$
④ $(a^m)^n = a^{(\ \ )} = a^{(\ \ )}$

答と解説

① $a^3 × a^4 = a^{(3+4)} = a^{(7)}$
② $a^m × a^n = a^{(m+n)}$
③ $(a^3)^5 = a^{(3×5)} = a^{(15)}$
④ $(a^m)^n = a^{(m×n)} = a^{(mn)}$

$a^m × a^n = a^{m+n}$、$(a^m)^n = a^{mn}$ は有名な公式ですが、意味がわかれば上記のように覚えなくても使えます。

 **文字で数量を表す**

> **ここがコツ** 数字で考えて文字に置き換える

　文字式がうまく立てられないとき、数字で（具体例を）考えて文字に置き換えると簡単に立てられます。以下、例と演習で慣れましょう。

例 次の数量を文字を使った式で表してください。

x mの道のりを分速amで歩いたときにかかる時間（分）

　数字で考えましょう（暗算できるくらいの小さな数字のほうがイメージしやすいのでおすすめです）。

　6mの道のりを分速2mで歩いたときにかかる時間（分）なら、

$6 ÷ 2 = 3$ 分です。

　　　　文字に置き換えます。

$x ÷ a$（分）　÷を省略して $\dfrac{x}{a}$（分）　←必ず単位をつけます。

> **演習** 次の数量を文字を用いた式で表してください。
>
> ①2000円で1冊a円の本を10冊買ったときのおつり
>
> ②1辺の長さが$y$cmの正三角形の周囲の長さ
>
> ③1個40円のみかんa個と、1個b円のりんご5個を買ったときの代金

答と解説

①2000円で1冊50円の本を10冊買ったときのおつりなら、

　$(2000 - \mathbf{50} \times 10)$円です。

　　　　　文字に置き換えます。

　$(2000 - \mathbf{a} \times 10)$円　×を省略して $(2000 - \mathbf{10a})$円　……**答**

②1辺の長さが5cmの正三角形の周囲の長さなら、

　5×3 cmです。

　　文字に置き換えます。

　$y \times 3$ cm　×を省略して、$3y$ cm　……**答**

③1個40円のみかん2個と、1個50円のりんご5個を買ったときの代金なら、

$(40 \times 2 + 50 \times 5)$円です。

　　　　　　　文字に置き換えます。

$(40 \times a + b \times 5)$円　×を省略して、$(40a + 5b)$円　……答

> **演習**　次の数量を文字を用いた式で表してください。
>
> ① 1回目が a 点、2回目が b 点のとき、この2回の平均点
> ② 1個20gの品物 a 個を、質量 b gの箱に入れたときの全体の質量
> ③ 分速 b mで d 分歩いたときの道のり
> ④ x mの道のりを、5分で歩くときの分速
> ⑤ 縦 a cm、横 b cmの長方形の周囲の長さ

答と解説

① 1回目が80点、2回目が60点のとき、この2回の平均点なら、

$\dfrac{80+60}{2}$ 点です。

　　　　文字に置き換えます。

$\dfrac{a+b}{2}$ 点　……答

② 1個20gの品物2個を、質量100gの箱に入れたときの全体の質量なら、

$(20 \times 2 + 100)$ gです。

　　　　　文字に置き換えます。

$(20 \times a + b)$ g　×を省略して、$(20a + b)$ g　……答

③ 分速3mで4分歩いたときの道のりなら、

(3×4) mです。

　　　　文字に置き換えます。

$(b \times d)$ m　×を省略して、bd m　……答

④ 20mの道のりを5分で歩くときの分速なら、

分速 $(20 \div 5)$ mです。

　　　　文字に置き換えます。

分速 $(x \div 5)$ m　÷を省略して分速 $\dfrac{x}{5}$ m　……答

⑤ 縦3cm、横4cmの長方形の周囲の長さなら、

$(3 + 4 + 3 + 4)$ cmです。

　　　　　文字に置き換えます。

$(a + b + a + b)$ cm　これを計算して、$(2a + 2b)$ cm　……答

PART 3　1次方程式

1　1次方程式の計算

> **ここがコツ**　$\dfrac{3}{4}$ の逆数は $\dfrac{4}{3}$　　$-\dfrac{3}{4}$ の逆数は $-\dfrac{4}{3}$

　$5x=25$ や、$-3x=18$ のような1次方程式は、両辺に x の前の数字の逆数を掛けると、簡単に解けます。そこでまず、このような方程式を解く準備として、逆数の作り方を覚えましょう。

　$\dfrac{③}{④}$ の逆数は、上下を逆にして $\dfrac{④}{③}$ です。

元の数に逆数を掛けると1になります。$\dfrac{③}{④} \times \dfrac{④}{③} = 1$

　整数 $4 = \dfrac{4}{1}$ ですから、4の逆数は $\dfrac{1}{4}$ です。
　$-\dfrac{2}{5}$ の逆数は $-\dfrac{5}{2}$　　$-\dfrac{2}{5} \times \left(-\dfrac{5}{2}\right) = 1$ です。負の数の逆数は負の数です。

演習　（　）をうめてください。

① $-\dfrac{2}{7}$ の逆数は（　　　）　　② -12 の逆数は（　　　）

答

① $-\dfrac{7}{2}$　……答　　② $-\dfrac{1}{12}$　……答

> **ここがコツ**　$6x = 36 \rightarrow$ 両辺に $\dfrac{1}{6}$ を掛ける

　$6x=36$ は両辺に x の前の数字6の逆数 $\dfrac{1}{6}$ を掛けて、
　$\dfrac{1}{6} \times 6x = 36 \times \dfrac{1}{6}$ より、$x=6$ と解きます。
　$-4x=16$、$-\dfrac{3}{5}x=12$……、のような方程式は両辺に x の前の数字の逆数を掛けて解きます。

> **演習** 次の方程式を解いてください。
>
> ① $5x = -75$　　② $\dfrac{3}{7}x = -12$

答と解説

①両辺に x の前の数字 5 の逆数 $\dfrac{1}{5}$ を掛けて、

$\dfrac{1}{5} \times 5x = -75 \times \dfrac{1}{5}$ より、$x = -15$　……答

〈要注意〉

普通は $\dfrac{1}{5} \times 5x = -75 \times \dfrac{1}{5}$ ではなく、左辺（＝の左側）は必ず x になりますから、左辺は省略して、$x = -75 \times \dfrac{1}{5}$ のように書きます。以降「両辺に…」と書いている場合でも左辺の計算を省略した形で表示します。

②両辺に x の前の数字 $\dfrac{3}{7}$ の逆数 $\dfrac{7}{3}$ を掛けて、

$x = -12 \times \dfrac{7}{3}$　　$x = -28$　……答

ここがコツ　$x - 9 = 5$ → まず移項

左辺（＝の左側）に x の項（$2x$、$-3x$ …）、右辺（＝の右側）に数字（4、-5 …）を集めるために、左辺の数字は右辺に、右辺の x の項は左辺に移します。これが移項(いこう)です。移項のポイントは＝を飛び越えて移動するとき変身する（符号が変わる）ことです。具体例でやってみましょう。

$x \boxed{-9} = 5$　　左辺の数字 -9 を右辺に移項します。
　　↳ 移項(変身)　このとき -9 は $+9$ に変身します。
$x = 5 \boxed{+9}$

もう1問やってみます。

$5x \boxed{= -2x} + 5$　　右辺の x の項 $-2x$ は左辺に移項します。
　　↳ 移項(変身)　このとき $-2x$ は、$2x$（$+2x$）に変身します。
$\boxed{2x} + 5x = +5$

演習　移項してください。

① $2x - 7 = 16$　② $-3x = 3 + 5x$

答と解説

① $2x = 16 + 7$　② $-5x - 3x = 3$

移項ができれば、$4x - 9 = 5$のような方程式は簡単に解けます。さっそく例からみていきましょう。

例　$6x - 12 = 60$を解いてください。

$6x - 12 = 60$ ←移項(変身)
$6x = 60 + 12$
$6x = 72$　　$x = 72 \times \dfrac{1}{6}$　←両辺にxの前の数字6の逆数$\dfrac{1}{6}$を掛ける。
$x = 12$

演習　次の方程式を解いてください。

① $-5x - 27 = 4x + 18$　② $13x - 33 = 6x + 51$

答と解説

① $-5x - 27 = 4x + 18$ ←移項(変身)
$-4x - 5x = 18 + 27$
$-9x = 45$
$x = 45 \times (-\dfrac{1}{9})$
$x = -5$ ……答

② $13x - 33 = 6x + 51$ ←移項(変身)
$-6x + 13x = 51 + 33$
$7x = 84$
$x = 84 \times (\dfrac{1}{7})$
$x = 12$ ……答

ここがコツ

$3x - 2(x - 2) = 6$
→ まず（　）をはずす

（　）のある方程式は、まず（　）をはずします。そのあと移項です。
では、例と演習で慣れましょう。

例　$3(x+1) - 7 = 17$

$3(x+1) - 7 = 17$　　まず（　）をはずします。

$3x + 3 - 7 = 17$

　　　　　　　　　　移項します。

$3x = 17 - 3 + 7$

$3x = 21$

$x = 21 \times (\frac{1}{3})$

$x = 7$

演習　次の方程式を解いてください。

① $5x - (2x - 3) = -9$　　② $2x - 4 = 4(x + 2)$

③ $-6(x - 4) = -3x + 3$

答と解説

① $5x - (2x - 3) = -9$

$5x - 2x + 3 = -9$

$5x - 2x = -9 - 3$

$3x = -12$

$x = -12 \times (\frac{1}{3})$

$x = -4$　……答

② $2x - 4 = 4(x + 2)$

$2x - 4 = 4x + 8$

$2x - 4x = +8 + 4$

$-2x = 12$

$x = 12 \times (-\frac{1}{2})$

$x = -6$　……答

③ $-6(x - 4) = -3x + 3$

$-6x + 24 = -3x + 3$

$-6x + 3x = +3 - 24$

$-3x = -21$

$x = -21 \times (-\frac{1}{3})$

$x = 7$　……答

2 1次方程式の文章題

> **ここがコツ** 求めるものを x として問題文に書き込む

「ある数に2を加えて4倍すると、ある数の3倍より23大きくなりました。ある数はいくらでしょう」。この問題で説明します。

まず求めるもの（ここではある数）**を x とします。**
そして以下のように問題文に**書き込みます**。

<u>ある数</u>　に2を加えて　<u>4倍すると</u>、<u>ある数の3倍</u>　<u>より23大きくなる</u>
　x　　　　$x+2$　　　$(x+2)\times 4$　　$3\times x$　　　$3\times x+23$

書き込みを見つめれば $4(x+2)=3x+23$ という**方程式が出てきます。**

このやり方では、部分的にわかったことをメモ的に書き込んだ段階で、70％はできています。考えるのは残り30％ですから、文章題もラクラクです。

演習

ある数の5倍から8を引くと、ある数の3倍より16大きくなりました。
ある数を求めてください。

求めるもの（ここではある数）を x として問題文に書き込みます〈下の（　）内に何が入るか考えてください〉。

<u>ある数</u>　<u>の5倍</u>　<u>から8を引くと</u>　<u>ある数の3倍</u>　<u>より16大きくなる</u>
（　）　（　）　（　　　）　（　　　）　（　　　　）

この中の書き込みを見つめれば、（　　　）＝（　　　）という方程式が出てきます。
答　ある数は（　　　）

答と解説

<u>ある数</u>　<u>の5倍</u>　<u>から8を引くと</u>　<u>ある数の3倍</u>　<u>より16大きくなる</u>
（ x ）　（ $5x$ ）　（ $5x-8$ ）　　（ $3x$ ）　（ $3x+16$ ）

書き込みより $(5x-8)=(3x+16)$　　　$5x-3x=16+8$
$2x=24$　　$x=24\times(\frac{1}{2})$　　$x=12$
答　ある数は（　12　）

> **演習**
>
> みかんを何人かの子どもに分けるのに、1人に4個ずつ分けると4個あまり、5個ずつ分けると11個不足します。子どもの人数を求めてください。

求めるもの（ここでは子どもの人数）を x 人として、問題文に書き込みます。

みかんを何人かの子どもに分けるのに、1人に4個ずつ分けると　4個あまり、
　　　　（　　　　）　　　　　　　（　　　　）　　　　（　　　）

5個ずつ分けると　11個不足します。
　（　　）　　　（　　　　）　　書き込みより、
（　　　　）＝（　　　　）　　以下解いてください。
（　　）人

答と解説

みかんを何人かの子どもに分けるのに、1人に4個ずつ分けると　4個あまり、
　　　　（ x ）　　　　　　　　（ $4x$ ）　　　　　（ $4x+4$ ）
　　　　　　　　　　　　　　　　　　　　　　　　　　〈みかんの個数〉

5個ずつ分けると　11個不足します。
　（ $5x$ ）　　（ $5x-11$ ）　書き込みより、
　　　　　　　〈みかんの個数〉

$(4x+4)=(5x-11)$ 　 $4x-5x=-11-4$ 　 $-x=-15$

$x=-15\times(-1)$ 　 $x=15$ 　**答**（ 15 ）人

> **演習**
>
> 切手をA君は42枚、B君は15枚持っています。A君からB君に何枚か切手を渡したところ、A君の切手がB君の切手より7枚多くなりました。A君はB君に何枚切手を渡したのでしょう。

求めるもの（ここではA君が渡した切手の枚数）を x 枚として問題文に書き込みます。

切手をA君は42枚、B君は15枚持っています。
A君からB君に何枚か切手を渡したところ、
　　　　　　（　　）

A君の切手がB君の切手より7枚多くなりました。
（　　）（　　　）（　　　）　書き込みより、
（　　　　）＝（　　　　）　以下解いてください。
（　　）枚

答と解説

切手をA君は42枚、B君は15枚持っています。
A君からB君に何枚か切手を渡したところ、
      (x)
A君の切手がB君の切手より7枚多くなりました。
($42-x$) ($15+x$) ($15+x+7$)

書き込みより

$(42-x) = (15 + x + 7)$
$-x - x = 15 + 7 - 42$
$-2x = -20$
$x = -20 \times (-\frac{1}{2})$
$x = 10$

答　(　10　) 枚

演習

A君は720円、B君は420円持っています。2人が、同じお菓子を2個買ったところ、A君の残金がB君の残金の2倍になりました。
このお菓子1個の値段はいくらでしょうか。

答と解説

求めるもの（ここではお菓子1個の値段）を x 円として問題文に書き込みます。

A君は720円、B君は420円持っています。2人が、同じお菓子を2個買ったところ、
                $2x$

A君の残金がB君の残金の2倍になりました。
$720 - 2x$ $420 - 2x$ $(420 - 2x) \times 2$

書き込みより
$720 - 2x = 2(420 - 2x)$
$720 - 2x = 840 - 4x$
$-2x + 4x = 840 - 720$
$2x = 120$
$x = 120 \times (\frac{1}{2})$
$x = 60$

答　60円

PART 3　1次方程式

ここがコツ 求めるものをxとして図に書き込む

ほとんどの文章題は「求めるものをxとして問題文に書き込む」ことで解決できますが、これからやる、速さ・時間・道のりの問題のように、図に書き込むと簡単に解ける定番の問題もあります。ところで、速さ・時間・道のりの問題では右図が使いこなせないといきづまりますので、まずこの図の使い方を練習します。

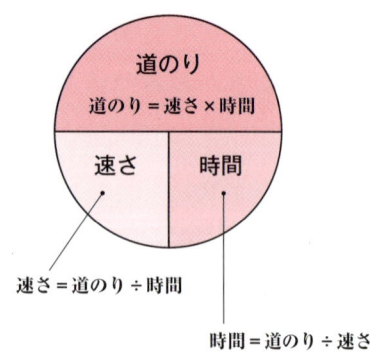

たとえば、道のりが16kmで、速さが時速8kmなら、これを図に書き入れて、**時間は道のり（16km）÷速さ（8km／時）＝ 2時間**です。

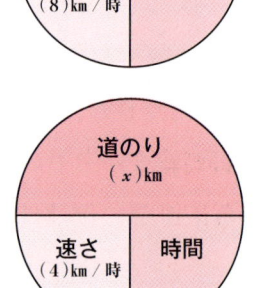

道のりが$x$kmで、速さが時速4kmなら、これを図に書き入れて、**時間は道のり÷速さ** $= x \div 4 = \dfrac{x}{4}$時間と計算します。

演習

① 道のり2000mを、分速200mで走るときにかかる時間は何分ですか。
② 道のり$x$kmを時速24kmで行くときにかかる時間を、xを使って表してください。

答と解説

① $2000 \div 200 = 10$

　答 10分

② $x \div 24 = \dfrac{x}{24}$

　答 $\dfrac{x}{24}$時間

速さが分速60mで、時間が20分なら、これを図に書き入れて、**道のりは速さ**（60m／分）×**時間**（20分）＝1200m

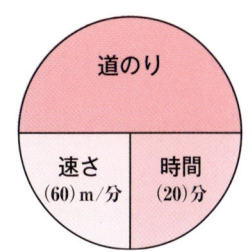

演習

分速150mでx分歩いたときの道のりをxを使って表してください。

答と解説

$150 \times x = 150x$

答 $150x$ m

速さ・時間・道のりの図に慣れたところで、いよいよ求めるものをxとおいて、図に書き込む問題にチャレンジしましょう。

例 学校と駅の間を往復します。行きは時速5km、帰りは時速10kmで、往復12時間かかりました。このとき学校と駅の道のりを求めてください。

求めるもの（ここでは学校と駅の道のり）をx kmとおいて、わかったことを書き込みます。

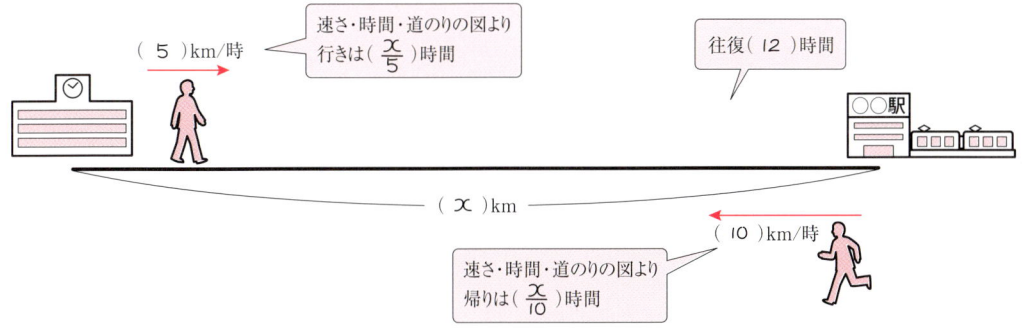

書き込みから$\frac{x}{5} + \frac{x}{10} = 12$という方程式が簡単に立てられます。
ここでは式の立て方までを学習し、以下省略します。

演習

家と駅の間を往復しました。家から駅までは時速6km、駅から家までは時速8kmで帰ったところ、往復で7時間かかりました。家から駅までの道のりを求めてください。

家から駅までを x km として図に書き込みます。

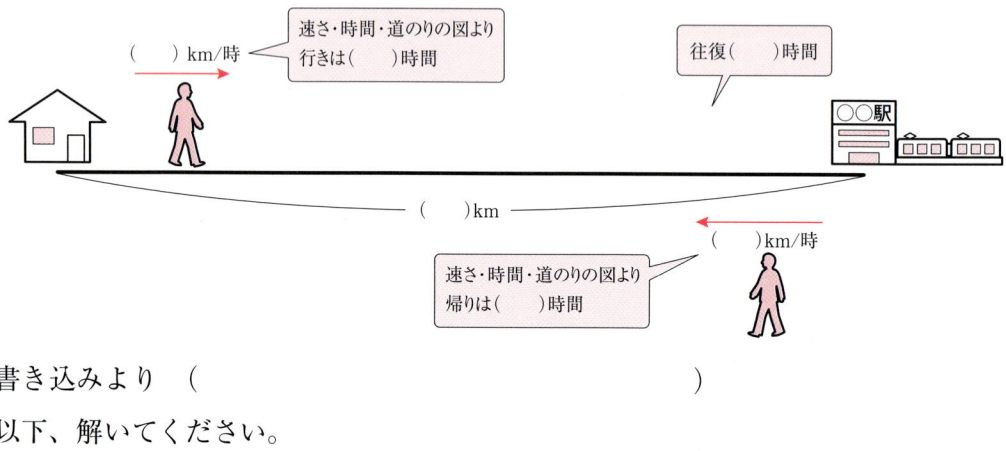

書き込みより （　　　　　　　　　　　　　）

以下、解いてください。

答と解説

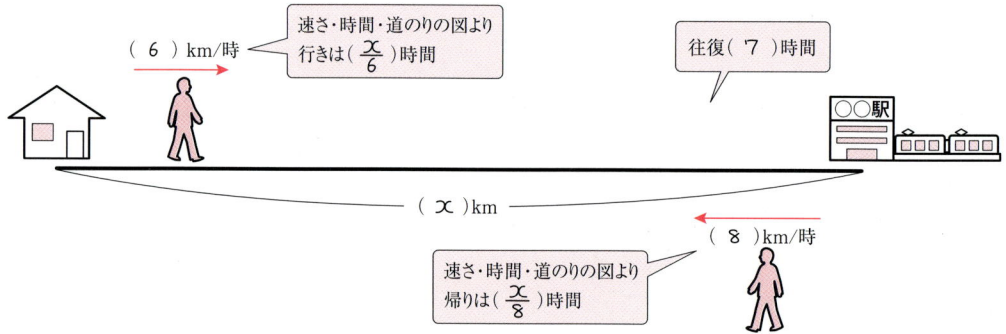

書き込みより、$\frac{x}{6} + \frac{x}{8} = 7$ という方程式が立ちます。両辺に6と8の最小公倍数24を掛けます。

$$\frac{x}{6} + \frac{x}{8} = 7$$

$$4x + 3x = 168$$

$$7x = 168 \quad x = 168 \times \frac{1}{7} = 24$$

答 （ 24 ）km

PART 4　連立方程式

1　連立方程式の解き方

ここがコツ　$\begin{array}{r} 3x+4y \\ +)\ (2x-5y) \end{array}$　縦書き計算は（　）をつける

　連立方程式の解き方には加減法と代入法があります。最初に加減法をやりますが、その加減法を正確にやるために、準備体操として縦書き計算の仕方を取り上げます。

例　$\begin{array}{r} 3x+4y \\ +)\ 2x-5y \end{array}$　を計算してください。

　この縦書き計算は $(3x+4y)+(2x-5y)$ を縦書きにしたものです。縦書き計算に自信が持てないときには、$(3x+4y)+(2x-5y)=3x+4y+2x-5y=5x-y$ とこっそり横書きでやるのが確実です。

　本書では以下のように、縦書きに（　）をつけて、縦書き計算でありながら、横書き計算の感覚で確実にやれる方法を紹介します。

$$\begin{array}{r} 3x+4y \\ +)\ (2x-5y) \\ \hline 5x-y \end{array}$$

（　）をつけると
x について $3x+2x$
y について $4y-5y$
になることが確実にわかります。

演習　次の計算をしてください。

① $\begin{array}{r} 5x-4y \\ -)\ 6x+3y \end{array}$
　　② $\begin{array}{r} x+7y \\ -)\ 3x-2y \end{array}$

答と解説

①
$$\begin{array}{r} 5x - 4y \\ -)\ (6x + 3y) \\ \hline -x - 7y \end{array}$$

xについて $5x - 6x = -x$
yについて $-4y - 3y = -7y$

②
$$\begin{array}{r} x + 7y \\ -)\ (3x - 2y) \\ \hline -2x + 9y \end{array}$$

xについて $x - 3x = -2x$
yについて $7y + 2y = 9y$

ここがコツ　簡単な加減法 → 足す・引くで x か y を消す

簡単な加減法とは、足すまたは引くことで x か y の項が消えるタイプです。このタイプは縦書き計算ができれば簡単にできます。ではさっそくやってみましょう。

例 $\begin{cases} x + 3y = -7 & \cdots ① \\ -x + 5y = -17 & \cdots ② \end{cases}$ を解いてください。

① + ②

$$\begin{array}{r} x + 3y = -7 \quad \cdots ① \\ +)\ (-x + 5y) = -17 \quad \cdots ② \\ \hline 8y = -24 \end{array}$$

x（の項）が消えました。
これが簡単な加減法のタイプです。

$y = -24 \times \dfrac{1}{8}$

$y = -3$　これを①に代入します。

$x + 3 \times (-3) = -7$

$x - 9 = -7$

$x = -7 + 9 = 2$

$x = 2,\ y = -3$

$y = -3$
$x + 3y = -7 \cdots ①$

演習　次の連立方程式を加減法で解いてください。

(1) $\begin{cases} x - 4y = -5 & \cdots ① \\ 2x + 4y = 14 & \cdots ② \end{cases}$

(2) $\begin{cases} -x - 3y = 4 & \cdots ① \\ -5x - 3y = -16 & \cdots ② \end{cases}$

答と解説

(1)

① + ②

$$\begin{array}{r} x - 4y = -5 \cdots ① \\ +)\ (2x + 4y) = 14 \cdots ② \\ \hline 3x\qquad = 9 \end{array}$$

$x = 9 \times \dfrac{1}{3}$

$x = 3$　これを①に代入

$3 - 4y = -5$

$-4y = -5 - 3$

$-4y = -8$

$y = -8 \times \left(-\dfrac{1}{4}\right)$

$y = 2$

答　$x = 3$, $y = 2$

(2)

① − ②

$$\begin{array}{r} -x - 3y = 4 \cdots ① \\ -)\ (-5x - 3y) = -16 \cdots ② \\ \hline 4x\qquad = 20 \end{array}$$

$x = 20 \times \dfrac{1}{4}$

$x = 5$　これを①に代入

$-(5) - 3y = 4$

$-3y = 4 + 5$

$-3y = 9$

$y = 9 \times \left(-\dfrac{1}{3}\right)$

$y = -3$

答　$x = 5$, $y = -3$

PART 4　連立方程式

ここがコツ　複雑な加減法 → 何倍かして x か y を消す

さっそく例をとおして学びましょう。

例　$\begin{cases} x - 2y = 4 \cdots ① \\ 3x + 4y = 2 \cdots ② \end{cases}$

> 足しても、引いても x も y も消えません。
> どちらを消してもいいのですが、ここでは y を消します。
> そのために以下のようにします。

$-2y$ と $4y$ だから、2 と 4 の公倍数より、$4y$ にそろえます。
①式の両辺に 2 を掛けます。

$$x - 2y = 4 \cdots ①$$
$$\downarrow \times 2 \quad \downarrow \times 2 \quad \downarrow \times 2$$
$$2x - 4y = 8 \cdots ① \times 2$$

①×2＋②を計算します。

$$\begin{array}{r} 2x - 4y = 8 \cdots ① \times 2 \\ +)\ (3x + 4y) = 2 \cdots ② \\ \hline 5x = 10 \end{array}$$

$x = 10 \times \left(\dfrac{1}{5}\right)$
$x = 2$　これを①に代入
$2 - 2y = 4$　　　← $x = 2$
　$-2y = 4 - 2$　　$x - 2y = 4 \cdots ①$
　$-2y = 2$
　　$y = 2 \times \left(-\dfrac{1}{2}\right)$
　　$y = -1$
$x = 2,\ y = -1$

演習 次の連立方程式を加減法で解いてください。

(1) $\begin{cases} -2x + 3y = 2 & \cdots ① \\ 3x - 4y = -1 & \cdots ② \end{cases}$

(2) $\begin{cases} 2x + 3y = 7 & \cdots ① \\ 9x + 5y = 6 & \cdots ② \end{cases}$

答と解説

(1)

$-2x$ と $3x$ だから、2 と 3 の公倍数より、$6x$ にそろえます。

①式の両辺に3を掛けます。

$-2x + 3y = 2 \cdots ①$
$\quad \downarrow \times 3 \quad \downarrow \times 3 \quad \downarrow \times 3$
$-6x + 9y = 6 \cdots ① \times 3$

②式の両辺に2を掛けます。

$3x - 4y = -1 \cdots ②$
$\quad \downarrow \times 2 \quad \downarrow \times 2 \quad \downarrow \times 2$
$6x - 8y = -2 \cdots ② \times 2$

①×3 + ②×2

$\quad\quad -6x + 9y = 6 \quad \cdots ① \times 3$
$+) \quad (6x - 8y) = -2 \quad \cdots ② \times 2$
$\quad\quad\quad\quad\quad\quad y = 4$

これを①に代入

$-2x + 3 \times (4) = 2$
$-2x = 2 - 12 = -10$
$x = -10 \times (-\frac{1}{2})$
$x = 5$

答 $x = 5, y = 4$

(ここでは x の項を消しましたが、y の項を消してやっても結構です)

(2)

$3y$ と $5y$ だから、3 と 5 の公倍数より、$15y$ にそろえます。

①式の両辺に5を掛けます。

$2x + 3y = 7 \cdots ①$
$\quad \downarrow \times 5 \quad \downarrow \times 5 \quad \downarrow \times 5$
$10x + 15y = 35 \cdots ① \times 5$

②式の両辺に3を掛けます。

$9x + 5y = 6 \cdots ②$
$\quad \downarrow \times 3 \quad \downarrow \times 3 \quad \downarrow \times 3$
$27x + 15y = 18 \cdots ② \times 3$

①×5 − ②×3

$\quad\quad 10x + 15y = 35 \cdots ① \times 5$
$-) \quad (27x + 15y) = 18 \cdots ② \times 3$
$\quad\quad -17x \quad\quad\quad = 17$

$x = 17 \times (-\frac{1}{17})$
$x = -1$ これを①に代入

$2 \times (-1) + 3y = 7$
$-2 + 3y = 7$
$3y = 7 + 2 \quad\quad 3y = 9$
$y = 9 \times (\frac{1}{3}) \quad\quad y = 3$

答 $x = -1, y = 3$

(ここでは y の項を消しましたが、x の項を消してやっても結構です)

ここが コツ 　分数の加減法 → 何倍かして整数の方程式にする

例 次の方程式を解いてください。

$\begin{cases} \dfrac{x}{2} + \dfrac{y}{3} = \dfrac{7}{6} \cdots ① \\ \dfrac{x}{4} + \dfrac{y}{2} = \dfrac{9}{4} \cdots ② \end{cases}$

①の両辺を6倍、②の両辺を4倍して整数の方程式にします。

$\dfrac{x}{2} + \dfrac{y}{3} = \dfrac{7}{6} \cdots ①$

　　↓×6　↓×6　↓×6

$3x + 2y = 7 \cdots (①\times 6)\ ①'$

$\dfrac{x}{4} + \dfrac{y}{2} = \dfrac{9}{4} \cdots ②$

　　↓×4　↓×4　↓×4

$x + 2y = 9 \cdots (②\times 4)\ ②'$

簡単な加減法のパターンになりました。y の項を消しましょう。

①′ − ②′

$\begin{array}{r} 3x + 2y = 7 \cdots ①' \\ -)\ (x + 2y) = 9 \cdots ②' \\ \hline 2x = -2 \\ x = -2 \times (\dfrac{1}{2}) \\ x = -1 \end{array}$

これを①′に代入

$3 \times (-1) + 2y = 7$

$-3 + 2y = 7$

$2y = 7 + 3 = 10$

$y = 10 \times (\dfrac{1}{2})$

$y = 5$

$x = -1,\ y = 5$

（$x = -1$ を $3x + 2y = 7 \cdots ①'$ に代入）

演習 次の連立方程式を（　）をうめて解いてください。

$$\begin{cases} x + 2y = 7 \cdots ① \\ \dfrac{x}{3} + \dfrac{1}{2}y = 1 \cdots ② \end{cases}$$

② × 6

（　　　　　　）＝（　　　）…③

① × 2 − ③

　　　（　　　　　　　）＝（　　　）…① × 2
−)　（　　　　　　　）＝（　　　）…③
　　　（　　　　　　　）＝（　　　）　以下、解いてください。

答　$x = ($　　$)$, $y = ($　　$)$

答と解説

② × 6

（　$2x + 3y$　）＝（　6　）…③

① × 2 − ③

　　　（　$2x + 4y$　）＝（　14　）…① × 2
−)　（　$2x + 3y$　）＝（　6　）…③
　　　（　　　y　　）＝（　8　）　これを①に代入

$x + 2 \times (8) = 7$
　　$x + 16 = 7$
　　　　$x = 7 - 16$
　　　　$x = -9$

答　$x = (\,-9\,)$, $y = (\,8\,)$

> **ここがコツ** 代入法
> → y を x の式　x を y の式で置き換える

代入法は以下の例1、例2のようにイメージがつかめれば簡単です。

例1 $\begin{cases} y = x + 6 \cdots ① \\ x + y = 10 \cdots ② \end{cases}$

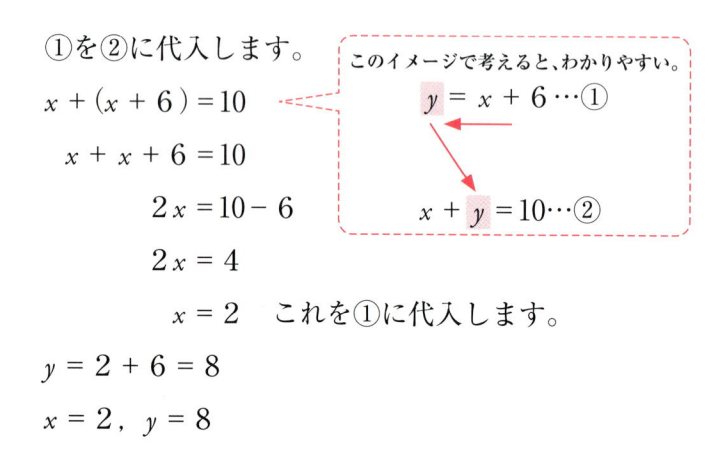

①を②に代入します。

$x + (x + 6) = 10$

$\quad x + x + 6 = 10$

$\qquad\qquad 2x = 10 - 6$

$\qquad\qquad 2x = 4$

$\qquad\qquad\ x = 2$　これを①に代入します。

$y = 2 + 6 = 8$

$x = 2,\ y = 8$

> このイメージで考えると、わかりやすい。
> $y = x + 6 \cdots ①$
> $x + y = 10 \cdots ②$

例2 $\begin{cases} x = y - 1 \cdots ① \\ x + 2y = 14 \cdots ② \end{cases}$

①を②に代入します。

$(y - 1) + 2y = 14$

$\qquad y + 2y = 14 + 1$

$\qquad\quad 3y = 15$

$\qquad\quad\ y = 15 \times (\dfrac{1}{3})$

$\qquad\quad\ y = 5$　これを①に代入します。

$x = 5 - 1$

$x = 4$

$x = 4,\ y = 5$

> このイメージで考えると、わかりやすい。
> $x = y - 1 \cdots ①$
> $x + 2y = 14 \cdots ②$

例1 は $y = x$ の式のかたちをしています。こういう場合は y を x の式で置き換えます。
例2 は $x = y$ の式のかたちをしています。こういう場合は x を y の式で置き換えます。
ここがわかれば、代入法は簡単です。

演習 次の連立方程式を代入法で解いてください。

(1) $\begin{cases} y = 3x - 2 \cdots ① \\ 3x + 2y = 14 \cdots ② \end{cases}$

(2) $\begin{cases} x = 4y - 6 \cdots ① \\ 2x + 3y = -1 \cdots ② \end{cases}$

答と解説

(1)

$y = 3x - 2 \quad \cdots ①$

$3x + 2y = 14 \cdots ②$

①を②に代入します。

$3x + 2(3x - 2) = 14$
$3x + 6x - 4 = 14$
$3x + 6x = 14 + 4$
$9x = 18$
$x = 18 \times (\frac{1}{9})$
$x = 2$

これを①に代入します。

$y = 3 \times (2) - 2$
$y = 6 - 2$
$y = 4$

答 $x = 2, \ y = 4$

(2)

$x = 4y - 6 \quad \cdots ①$

$2x + 3y = -1 \cdots ②$

①を②に代入します。

$2(4y - 6) + 3y = -1$
$8y - 12 + 3y = -1$
$8y + 3y = -1 + 12$
$11y = 11$
$y = 11 \times (\frac{1}{11})$
$y = 1$

これを①に代入します。

$x = 4 \times (1) - 6$
$x = -2$

答 $x = -2, \ y = 1$

2 連立方程式の文章題

> **ここがコツ** 求めるものを x, y として問題文に書き込む

　1次方程式では求めるものを x として、問題文に書き込みました。連立方程式では求めるものを x, y として問題文に書き込みます。

　でははじめに、立式練習をしてみましょう。

例　60円のみかんと90円のりんごを合わせて15個買って、1200円払いました。それぞれ何個買ったのでしょう。

　60円のみかんを x 個、90円のりんごを y 個とします。そして問題文の下に書き込みます。

60円のみかん　と90円のりんごを　合わせて15個買って　1200円払いました
(　↓　)個　(　↓　)個
(　↓　)円　(　↓　)円

> 問題文を読んで、そのまま頭の中で式を考えるのではなく、問題文の下に、左のように自分で書き込んでみます。

答と解説

60円のみかん　と90円のりんごを　合わせて15個買って　1200円払いました
(　x　)個　(　y　)個
(　$60x$　)円　(　$90y$　)円

$$\begin{cases} (\quad x + y = 15 \quad) & \cdots ① \\ (\quad 60x + 90y = 1200 \quad) & \cdots ② \end{cases}$$

> 書き込んだものをみながら式を考えたほうが、簡単にできます。

このように簡単に連立方程式が立てられます。

演 習

ハンバーガー2個とポテト5個で990円。ハンバーガー3個とポテト2個で660円です。ハンバーガー1個とポテト1個はそれぞれいくらですか。ハンバーガー1個の値段をx円、ポテト1個の値段をy円として式を立てて解いてください。

答と解説

ハンバーガー2個と　ポテト5個　で990円
　　($2x$)円　　　($5y$)円

ハンバーガー3個と　ポテト2個　で660円
　　($3x$)円　　　($2y$)円

問題文の下に書き込み、それをみながら式を考えます。

$$\begin{cases} (\ 2x + 5y = 990\ ) \cdots ① \\ (\ 3x + 2y = 660\ ) \cdots ② \end{cases}$$

① × 3 − ② × 2

$$\begin{array}{r} 6x + 15y = 2970 \cdots ① \times 3 \\ -)\ (6x + 4y) = 1320 \cdots ② \times 2 \\ \hline 11y = 1650 \end{array}$$

$$y = 1650 \times \frac{1}{11}$$
$$y = 150 \quad \text{これを②に代入します。}$$

$$3x + 2 \times (150) = 660$$
$$3x + 300 = 660$$
$$3x = 660 - 300$$
$$3x = 360$$
$$x = 360 \times \frac{1}{3}$$
$$x = 120$$

答　ハンバーガー1個…120円、ポテト1個…150円

PART 4　連立方程式

ここがコツ 求めるものを x, y として図に書き込む

ほとんどの文章題は「求めるものを x, y として問題文に書き込む」ことで解決できますが、1次方程式でもやりましたが、速さ・時間・道のりの問題のように、図に書き込むと簡単に解ける定番の問題もあります。ここではこれを取り上げます。

では、まず立式練習をしてみましょう。

例 家から駅までは36kmで離れていて、途中に郵便局があります。家から郵便局まで時速4km、郵便局から駅まで時速8kmで行ったところ、全体で6時間かかりました。このときの家から郵便局までの道のりと郵便局から駅までの道のりを求めてください。

家から郵便局までを x km、郵便局から駅までを y km として図に書き込みます。

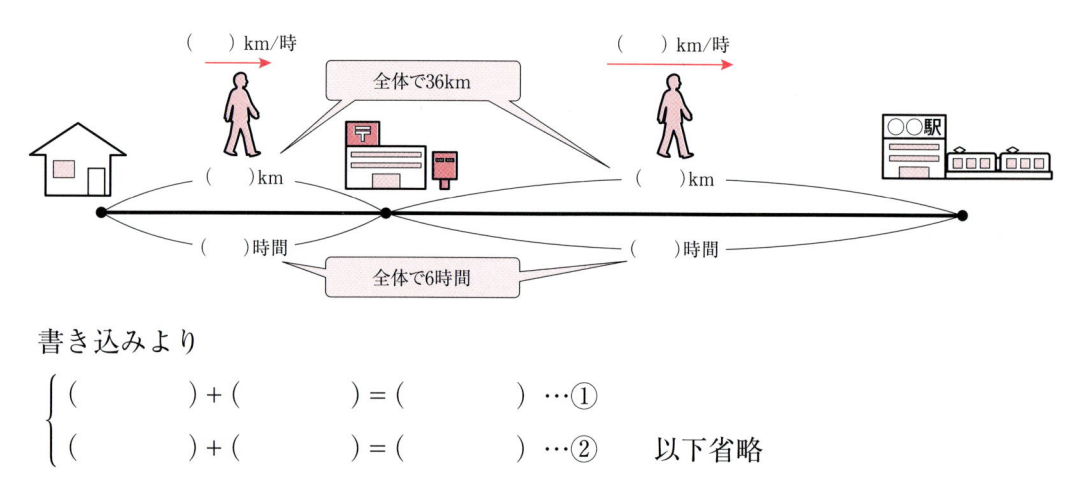

書き込みより
$$\begin{cases} (\quad) + (\quad) = (\quad) & \cdots ① \\ (\quad) + (\quad) = (\quad) & \cdots ② \end{cases} \text{以下省略}$$

答と解説

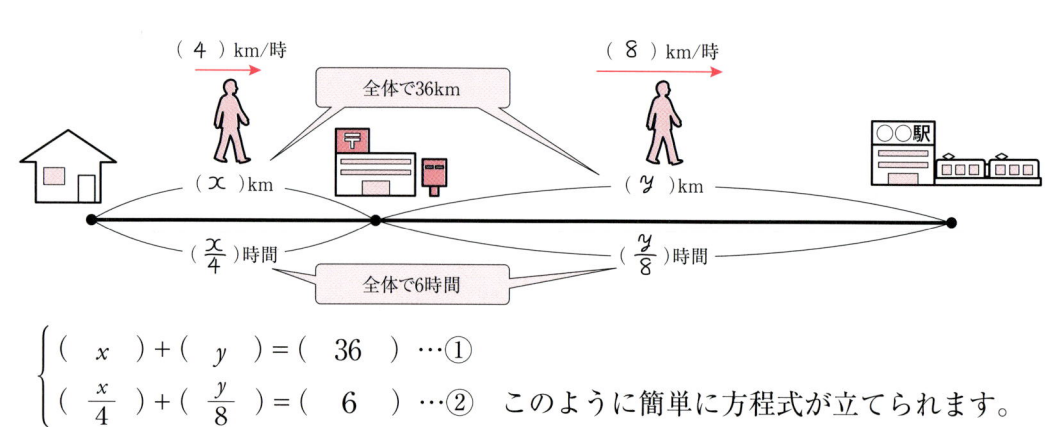

$$\begin{cases} (\ x\ ) + (\ y\ ) = (\ 36\ ) & \cdots ① \\ \left(\dfrac{x}{4}\right) + \left(\dfrac{y}{8}\right) = (\ 6\ ) & \cdots ② \end{cases} \text{このように簡単に方程式が立てられます。}$$

(これは式を立てる練習なので、計算は省いています)

演習

家から16km離れた学校に行くのに、自転車で時速20kmで行ったところ、途中で自転車が故障。それから時速4kmで歩いて全体で2時間かかりました。自転車に乗った道のりと歩いた道のりを求めてください。自転車に乗った道のりを x km、歩いた道のりを y km として式を立てて解いてください。

答と解説

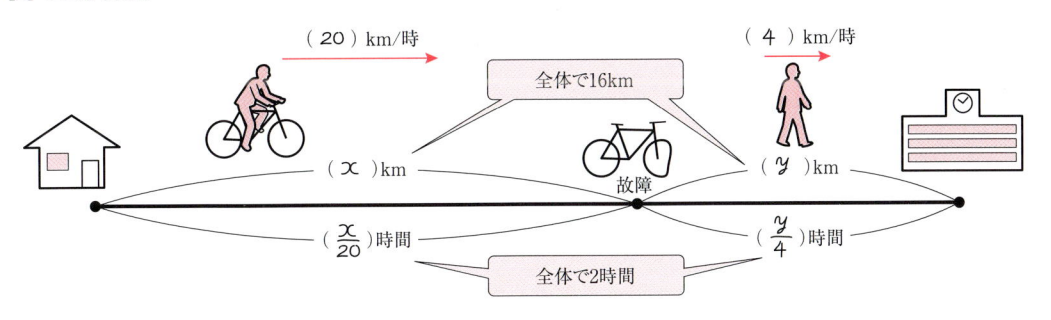

(20) km/時　　　　　　　(4) km/時

全体で16km

(x) km　　　故障　　　(y) km

($\frac{x}{20}$) 時間　　　($\frac{y}{4}$) 時間

全体で2時間

書き込みより

$$\begin{cases} (\ x\ ) + (\ y\ ) = (\ 16\ ) \cdots ① \\ (\ \frac{x}{20}\ ) + (\ \frac{y}{4}\ ) = (\ 2\ ) \cdots ② \end{cases}$$

②の両辺に20を掛けます。

$x + 5y = 40 \cdots ③$　　$\frac{x}{20} + \frac{y}{4} = 2 \cdots ②$
　　　　　　　　　　　　$x + 5y = 40$

① − ③

$ x + y = 16 \cdots ①$
$\underline{-)\ (x + 5y) = 40 \cdots ③}$
$ -4y = -24$

$ y = -24 \times (-\frac{1}{4})$
$ y = 6$　これを①に代入

$x + 6 = 16$　　　$y = 6$
$x = 16 - 6$　　　$x + y = 16 \cdots ①$
$x = 10$

答　自転車に乗った道のり…10km、歩いた道のり…6km

PART 5　因数分解と展開

1　$ma + mb = m(a + b)$

$m(a + b) = ma + mb$ です。このように（　　　）をとることを**展開**といいます。
$m(a + b) = ma + mb$ から当然、$ma + mb = m(a + b)$ です。

このように $m(a + b)$ のような、掛け算の形にすることを**因数分解**といいます。

展開と因数分解はこのように表裏の関係です。本書では、2つを見比べながら、効率的に学習をすすめます。ではさっそく $ma + mb = m(a + b)$ のパターンからみていきましょう。

> **ここがコツ**　共通因数を（　　　）の外に出す

例　$4ab + 8ac$ を因数分解してください。

$4ab$ と $+8ac$ が何で割れるかをみてみると、$4a$ で割れます。
この $4a$ が共通因数です。因数分解では、この $4a$ を（　　　）の外に出します。
$4ab + 8ac = 4a($　　　　$)$　次に（　　　）の中を考えます。
（　　　　）の中には $4ab ÷ 4a = b$ と、$+8ac ÷ 4a = +2c$ が入ります。
$4ab + 8ac = 4a(b + 2c)$ です。
展開して確認します。$4a(b + 2c) = 4ab + 8ac$ でOKです。

> **演習**　次の式を因数分解してください。
>
> ① $15ac - 21bc$　　② $8mn - 9m$　　③ $30mx + 45ax$

答と解説

① $15ac$ と $-21bc$ は $3c$（共通因数）で割れます。
　そこで $15ac - 21bc = 3c($　　　$)$。（　　　）の中には、
　$15ac ÷ 3c = 5a$ と、$-21bc ÷ 3c = -7b$ が入ります。
　$15ac - 21bc = 3c(5a - 7b)$ ……**答**

② $8mn - 9m = m(8n - 9)$ ……**答**

③ $30mx + 45ax = 15x(2m + 3a)$ ……**答**

2 $x^2+(a+b)x+ab=(x+a)(x+b)$

まず $(x+a)(x+b)$ の展開を考えましょう。①②③④の順番で機械的に掛けると簡単に展開できます。

$(x+a)(x+b) = x^2 + bx + ax + ab = x^2 + (a+b)x + ab$

a や b のところには、多くの場合数字が入ります。たとえば、$a=2$、$b=3$ だと $(x+a)(x+b) = (x+2)(x+3)$ 以下、このようなタイプの展開を練習します。

例 $(x-4)(x+5)$ を展開してください。

$(x-4)(x+5) = x^2 + 5x - 4x - 20 = x^2 + x - 20$

演習 次の式を展開してください。

① $(x+2)(x+3)$ ② $(x+7)(x-6)$

答と解説

① $(x+2)(x+3) = x^2 + 3x + 2x + 6 = x^2 + 5x + 6$ ……答

② $(x+7)(x-6) = x^2 - 6x + 7x - 42 = x^2 + x - 42$ ……答

$(x+2)(x+3) = x^2 + 5x + 6$ と展開できました。

今度は $x^2 + 5x + 6 = (x+2)(x+3)$ と因数分解するほうをやりましょう。

ここがコツ
$x^2 + 5x + 6 = (x+2)(x+3)$
足して5　掛けて6 → +2と+3

$x^2 + 5x + 6$ の因数分解で、掛けて6となるのは（1と6）（−1と−6）（2と3）（−2と−3）。この中で、足して5となるのは（+2と+3）。

この2数を用いて $x^2 + 5x + 6 = (x+2)(x+3)$ と因数分解します。

PART 5 因数分解と展開

> **演習** 次の式を因数分解してください。
>
> ① $x^2 - 6x + 5$　　② $x^2 + x - 6$

答と解説

①掛けて5となるのは（1と5）（-1と-5）。

　この中で足して-6となるのは（-1と-5）。

　この2数を用いて $x^2 - 6x + 5 = (x-1)(x-5)$。

②掛けて-6となるのは（1と-6）（-1と6）（2と-3）（-2と+3）。

　この中で足して+1となるのは（-2と+3）。

　この2数を用いて $x^2 + x - 6 = (x-2)(x+3)$。

「因数分解」と「因数」

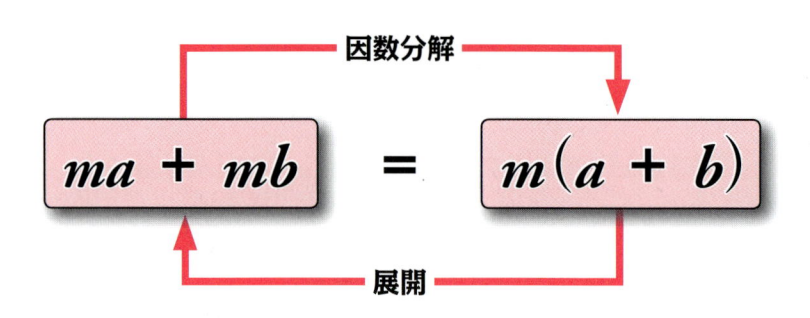

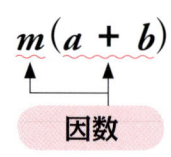

$$ma + mb \xrightarrow{\text{因数分解}} m(a+b) \xrightarrow{\text{展開}}$$

$m(a+b)$ ← 因数

3 $x^2 + 2ax + a^2 = (x+a)^2$

まず $(x+a)^2$ の展開を考えましょう。

$$(x+a)^2 = (x+a)(x+a) = x^2 + ax + ax + a^2 = x^2 + 2ax + a^2$$

a のところには、多くの場合数字が入ります。たとえば $a=2$ だと、$(x+a)^2 = (x+2)^2$ になります。以下このようなタイプの展開を演習します。

演習 次の式を展開してください。

① $(x+3)^2$　　② $(x+4)^2$　　③ $(x+5)^2$

答と解説

① $(x+3)^2 = (x+3)(x+3) = x^2 + 3x + 3x + 9 = x^2 + 6x + 9$ …答

② $(x+4)^2 = (x+4)(x+4) = x^2 + 4x + 4x + 16 = x^2 + 8x + 16$ …答

③ $(x+5)^2 = (x+5)(x+5) = x^2 + 5x + 5x + 25 = x^2 + 10x + 25$ …答

ここが、9（$=3^2$）、16（$=4^2$）、25（$=5^2$）…と2乗の数になります。

$(x+3)^2 = x^2 + 6x + 9$ と展開できました。

今度は反対に $x^2 + 6x + 9 = (x+3)^2$ と因数分解するほうをやります。

> **ここが コツ**
>
> $x^2 + 6x + 9 = (x + 3)^2$
>
> 足して 6　掛けて 9　→　+3 と +3

$x^2 + 6x + 9$ の因数分解で、掛けて9となるのは〈(1と9)(−1と−9)(3と3)(−3と−3)〉ですが、**9（= 3^2）が2乗の数**ですから、この特徴をいかしてまず（+3と+3）（−3と−3）を調べます。

するとすぐに、足して6になるのが（+3と+3）とわかります。

そこで、$x^2 + 6x + 9 = (x + 3)(x + 3) = (x + 3)^2$ と因数分解できます。

演習　次の式を因数分解してください。

① $x^2 + 12x + 36$　　② $x^2 + 14x + 49$　　③ $x^2 + 18x + 81$

答と解説

① 掛けて36、足して12となる2数。36（= 6^2）が2乗の数だから、（+6と+6）（−6と−6）をまず調べます。足して12になるのは（+6と+6）。

$x^2 + 12x + 36 = (x + 6)(x + 6) = (x + 6)^2$　……**答**

② 掛けて49、足して14となる2数。49（= 7^2）が2乗の数だから、（+7と+7）（−7と−7）をまず調べます。足して14になるのは（+7と+7）。

$x^2 + 14x + 49 = (x + 7)^2$　……**答**

③ 掛けて81、足して18となる2数。81（= 9^2）が2乗の数だから、（+9と+9）（−9と−9）をまず調べます。

足して18になるのは（+9と+9）。

$x^2 + 18x + 81 = (x + 9)^2$　……**答**

4 $x^2 - 2ax + a^2 = (x-a)^2$

まず $(x-a)^2$ の展開を考えましょう。

$$(x-a)^2 = (x-a)(x-a) = x^2 - ax - ax + a^2 = x^2 - 2ax + a^2$$

a のところには、多くの場合数字が入ります。

たとえば、$a = 2$ だと $(x-a)^2 = (x-2)^2$ になります。以下、このようなタイプの展開を演習します。

> **演習** 次の式を展開してください。
>
> ① $(x-3)^2$　② $(x-8)^2$　③ $(x-9)^2$

答と解説

① $(x-3)^2 = (x-3)(x-3) = x^2 - 3x - 3x + 9 = x^2 - 6x + 9$ …答

② $(x-8)^2 = (x-8)(x-8) = x^2 - 8x - 8x + 64 = x^2 - 16x + 64$ …答

③ $(x-9)^2 = (x-9)(x-9) = x^2 - 9x - 9x + 81 = x^2 - 18x + 81$ …答

> ここが、9（= 3^2）、64（= 8^2）、81（= 9^2）…と、2乗の数になります。

$(x-3)^2 = x^2 - 6x + 9$ と展開できました。

今度は反対に $x^2 - 6x + 9 = (x-3)^2$ と因数分解するほうをやります。

PART 5 因数分解と展開

> **ここがコツ**
>
> $$x^2 - 6x + 9 = (x-3)^2$$
>
> 足して-6　掛けて9 → -3と-3

　$x^2 - 6x + 9$の因数分解で、掛けて9となるのは〈(1と9)(-1と-9)(3と3)(-3と-3)〉ですが、**9（$=3^2$）が2乗の数**ですから、この特徴をいかしてまず（+3と+3）（-3と-3）を調べます。

　するとすぐに、足して-6になるのが（-3と-3）とわかります。

　そこで、$x^2 - 6x + 9 = (x-3)(x-3) = (x-3)^2$と因数分解できます。

演習　次の式を因数分解してください。

① $x^2 - 10x + 25$　　② $x^2 - 14x + 49$

答と解説

①掛けて25、足して-10となる2数。25（$=5^2$）が2乗の数だから、（+5と+5）（-5と-5）をまず調べます。

　足して-10になるのは（-5と-5）

　$x^2 - 10 + 25 = (x-5)(x-5) = (x-5)^2$　……**答**

②掛けて49、足して-14となる2数。49（$=7^2$）が2乗の数だから、（+7と+7）（-7と-7）をまず調べます。

　足して-14になるのは（-7と-7）

　$x^2 - 14x + 49 = (x-7)^2$　……**答**

5 $x^2 - a^2 = (x+a)(x-a)$

まず $(x+a)(x-a)$ の展開を考えましょう。

$(x+a)(x-a) = x^2 - ax + ax - a^2 = x^2 - a^2$

a のところには、多くの場合数字が入ります。

たとえば、$a = 2$ だと、$(x+a)(x-a) = (x+2)(x-2)$ になります。以下、このようなタイプの展開を演習します。

> **演習** 次の式を展開してください。
>
> ① $(x+4)(x-4)$　　② $(x+5)(x-5)$

答と解説

① $(x+4)(x-4) = x^2 - 4x + 4x - 16 = x^2 - 16$ ……答

② $(x+5)(x-5) = x^2 - 5x + 5x - 25 = x^2 - 25$ ……答

> ここが、$-16 \,(= -4^2)$、$-25 \,(= -5^2)$ …と、-2乗の数になります。

$(x+4)(x-4) = x^2 - 16$ と展開できました。

今度は反対に $x^2 - 16 = (x+4)(x-4)$ と因数分解するほうをやります。

ここがコツ　$x^2 - 16 = (x+4)(x-4)$

足して 0　掛けて -16 → $+4$ と -4

$x^2 - 16$ は $x^2 + 0x - 16$ のことです。そこで $x^2 - 16$ の因数分解を $x^2 + 0x - 16$ の形で考えると理解がしやすくなります。

$x^2 + 0x - 16 = (x + 4)(x - 4)$

足して0　掛けて−16 → ＋4と−4

　$x^2 - 16$ の因数分解で、掛けて−16となるのは〈(1と−16)(−1と+16)(2と−8)(−2と+8)(+4と−4)〉ですが、**−16（＝−4²）が−2乗の数**ですから、この特徴をいかしてまず（＋4と−4）を調べます。

　するとすぐに、足して0になるのが（＋4と−4）とわかります。

　そこで、$x^2 - 16 = (x + 4)(x - 4)$ と因数分解できます。

> **演習** 次の式を因数分解してください。
>
> ① $x^2 - 36$　　② $x^2 - 100$

答と解説

　①掛けて−36、足して0となる2数。−36（＝−6²）が−2乗の数（＋6と−6）をまずチェック。足して0になるのは（＋6と−6）でOK。
　$x^2 - 36 = (x + 6)(x - 6)$

　②掛けて−100、足して0となる2数。−100（＝−10²）が−2乗の数（＋10と−10）をまずチェック。足して0になるのは（＋10と−10）でOK。
　$x^2 - 100 = (x + 10)(x - 10)$

　51〜58ページにおいて、展開はすべて51ページで紹介している①②③④の順に機械的に掛けるとできました。因数分解はすべて、掛けてできる数（このとき2乗の数、−2乗の数ではその特徴をいかします）、足してできる数の流れでできました。

　実は、51〜58ページは別々の公式として習いますが、本書のやり方なら覚えるまでもなく、簡単にできてしまいます。

6 $mx^2 + m(a+b)x + mab = m(x+a)(x+b)$

ここがコツ
$$mx^2 + 4mx + 3m = m(x^2 + 4x + 3)$$
$$= m(x+3)(x+1)$$

$mx^2 + 4mx + 3m$ の因数分解を考えましょう。

共通因数がすべてに優先しますから、さしあたり、

$mx^2 + 4mx + 3m = m(x^2 + 4x + 3)$

$x^2 + 4x + 3$ が因数分解できなければ、この因数分解はここで完了します。

足して4　掛けて3 → 3と1

$x^2 + 4x + 3 = (x+3)(x+1)$ とさらに因数分解できますから、最終的に

$mx^2 + 4mx + 3m = m(x^2 + 4x + 3) = m(x+1)(x+3)$ です。

ここでは、このように共通因数を（　　　）の外に出したあと、さらに因数分解できるパターンを取り上げます。

演習 次の式を因数分解してください。

① $2ax^2 + 12ax + 10a$　　② $3bx^2 - 12bx - 63b$　　③ $tx^2 + 8tx + 16t$
④ $3ax^2 - 18ax + 27a$　　⑤ $2nx^2 - 50n$　　　　　⑥ $3bx^2 - 48b$

答と解説

① $2ax^2 + 12ax + 10a = 2a(x^2 + 6x + 5) = 2a(x+1)(x+5)$

　　　　　　　　　　　　　足して6　掛けて5 → 1と5

② $3bx^2 - 12bx - 63b = 3b(x^2 - 4x - 21) = 3b(x-7)(x+3)$

　　　　　　　　　　　　　足して-4　掛けて-21 → -7と3

PART 5　因数分解と展開

③ $tx^2 + 8tx + 16t = t(x^2 + 8x + 16) = t(x + \boxed{4})^2$

足して8、掛けて16の2数。16（＝4^2）が2乗の数。
（＋4と＋4）（－4と－4）をまずチェック。足して8になるのは（4と4）

④ $3ax^2 - 18ax + 27a = 3a(x^2 - 6x + 9) = 3a(x \boxed{-3})^2$

足して－6、掛けて9の2数。9（＝3^2）が2乗の数。
（＋3と＋3）（－3と－3）をまずチェック。足して－6になるのは（$\boxed{-3}$と$\boxed{-3}$）

⑤ $2nx^2 - 50n = 2n(x^2 - 25) = 2n(x \boxed{-5})(x \boxed{+5})$

足して0、掛けて－25の2数。－25（＝-5^2）が－2乗の数。
（－5と＋5）をまずチェック。足して0になるので（$\boxed{-5}$と$\boxed{+5}$）

⑥ $3bx^2 - 48b = 3b(x^2 - 16) = 3b(x \boxed{-4})(x \boxed{+4})$

足して0、掛けて－16の2数。－16（＝-4^2）が－2乗の数。
（－4と＋4）をまずチェック。足して0になるので（$\boxed{-4}$と$\boxed{+4}$）

この因数分解がスラスラとできたら、因数分解の公式も十分にマスターできています。

7 式による説明

　ここでは、「連続する3つの整数の和は3の倍数になることを説明してください」のような因数分解を使った、式による説明を解説します。この説明をするためには、まず文字を使った整数の表し方に慣れることが必要です。

> **ここがコツ**　連続する3つの整数 n, $n+1$, $n+2$（nは整数）
> 　　　　　　　　2けたの整数 $10a+b$（a, bは整数）

　連続する3つの整数を文字で表すには？　ここは文字式の復習になります。

　文字式がうまく立てられないとき、数字で（具体例を）考えて文字に置き換えました。ここでも、このテクニックを使います。

　連続する3つの整数の具体例を考えます。

　　1, 2, 3 →（ 1, 1+1, 1+2 ）
　　3, 4, 5 →（ 3, 3+1, 3+2 ）

　　　　　　　　　　　　　　　　文字に置き換えます。
　　　　　　　　n　n+1　n+2

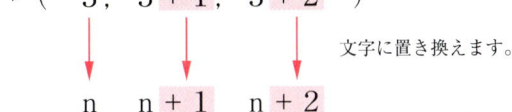

　連続する整数は、n　n+1　n+2（nは整数）と表せます。

　次に、2けたの整数の具体例を考えます。

　54 = 5 × 10 + 4
　85 = 8 × 10 + 5

　　　　　　　　　文字に置き換えます。
　　a × 10 + b　10の位の数を a、1の位の数を b とします。

　2けたの整数は、$10a+b$（a, bは整数）で表せます。

　では、もとの数（$10a+b$）の10の位の数と1の位の数を入れ替えた整数は、どう表せるでしょう？　具体例で考えます。

　2けたの整数 →もとの数の10の位の数と1の位の数を入れ替えた整数

　　4 × 10 + 3　⇒　3 × 10 + 4

　　　　　　　　　　　文字に置き換えます。
　　a × 10 + b　　b × 10 + a

　$10a+b$の10の位の数と1の位の数を入れ替えた数は $10b+a$（a, bは整数）と表せます。

PART 5　因数分解と展開

ここがコツ 　整数を文字 → 計算 → 因数分解 → (　　) は整数

式による説明は下の流れにそってやります。例として「連続する3つの整数の和（足した数）は3の倍数になることを説明してください」をやります。

整数を文字で表す
連続する3つの整数を、
n　$n+1$　$n+2$　（nは整数）と表す。

計算する
連続する3つの整数の和は、
$n + n+1 + n+2 = 3n+3$
$= 3(n+1)$

因数分解する

(　　) は整数
$(n+1)$ は整数だから $3(n+1)$ は3の倍数。だから連続する3つの整数の和は3の倍数になる。

この流れにそって演習にチャレンジしてください。

演習

2けたの整数でもとの数の10の位の数と1の位の数を入れ替えてできる整数から、もとの整数を引いた差は9の倍数になることを (　　) をうめて説明してください。

整数を文字で表す
2けたの整数の10の位を a、1の位を b で表すと、2けたの整数は、(　　　　) （a, bは整数）
10の位と1の位を入れ替えた整数を (　　　　　)

計算する（和、差、積など）
(　　　　) − (　　　　)
= (　　　　　　　)
= (　　　　　)

因数分解する
= 9 (　　　　)

(　　) は整数だからを明記する
(　　　　) は整数だから 9 (　　　　) は
(　　　　)。だから、2けたの整数でもとの数の10の位の数と1の位の数を入れ替えてできる整数から、もとの整数を引いた差は9の倍数になる。

答と解説

```
整数を文字で表す
    ↓
計算する
（和、差、積など）
    ↓
因数分解する
    ↓
（   ）は整数だから
を明記する
```

2けたの整数の10の位を a、1の位を b で表すと、2けたの整数は、$(10a + b)$（a, b は整数）
10の位と1の位を入れ替えた整数は $(10b + a)$

$(10b + a) - (10a + b)$
$= (10b + a - 10a - b)$
$= (9b - 9a)$
$= 9(b - a)$

（ $b - a$ ）は整数だから $9($ $b - a$ $)$ は（ 9の倍数 ）。だから、2けたの整数でもとの数の10の位の数と1の位の数を入れ替えてできる整数から、もとの整数を引いた差は9の倍数になる。

演習

偶数（2の倍数）と偶数の和（足した数）は偶数になることを説明してください。
2つの偶数を（   ），（   ）（m, n は整数）
以下、流れにそって説明してください。

答と解答

```
整数を文字で表す
    ↓
計算する
    ↓
因数分解する
    ↓
（   ）は整数
```

2つの偶数を、
$2m, 2n$（m, n は整数）

$2m + 2n$

$= 2(m + n)$

$(m + n)$ は整数だから $2(m + n)$ は2の倍数。
だから、偶数と偶数の和は偶数になる。

※上の問題の場合、$b - a$ がマイナスになることが考えられますが、理解をしやすくするための問題として取り上げました。

PART 6　平方根

1　平方根とは？

> **ここがコツ**　9の平方根は
> 2乗して9になる数。3と－3

　9の平方根は2乗して9になる数。
（　　）² = 9の（　　）の中に入る数です。
（3）² = 9　（－3）² = 9　だから9の平方根は、3と－3です。

演習　〈　　〉をうめてください。

① 25の平方根は（　　）² = 25　より〈　　と　　〉
② 16の平方根は（　　）² = 16　より〈　　と　　〉
③ 81の平方根は（　　）² = 81　より〈　　と　　〉
④ 64の平方根は（　　）² = 64　より〈　　と　　〉
⑤ 1の平方根は（　　）² = 1　より〈　　と　　〉
⑥ 4の平方根は（　　）² = 4　より〈　　と　　〉

答と解説

① 25の平方根は（　　）² = 25　より〈　5　と　－5　〉……**答**
② 16の平方根は（　　）² = 16　より〈　4　と　－4　〉……**答**
③ 81の平方根は（　　）² = 81　より〈　9　と　－9　〉……**答**
④ 64の平方根は（　　）² = 64　より〈　8　と　－8　〉……**答**
⑤ 1の平方根は（　　）² = 1　より〈　1　と　－1　〉……**答**
⑥ 4の平方根は（　　）² = 4　より〈　2　と　－2　〉……**答**

ここがコツ 3の平方根は$\sqrt{3}$（ルート3）と$-\sqrt{3}$（マイナスルート3）

3の平方根は2乗して3になる数（　　）^{2} = 3の（　　）の中に入る数ですが、4の平方根や9の平方根のようには数が思い当たりません。

そこで2乗して3になる数の、プラスのほうを$\sqrt{3}$（ルート3）、マイナスのほうを$-\sqrt{3}$（マイナスルート3）と表すことにします。

電卓を使うと$\sqrt{3}$＝約1.73、$-\sqrt{3}$＝約−1.73とわかります。

この表し方は以下のような感覚でみると、簡単に身につきます。

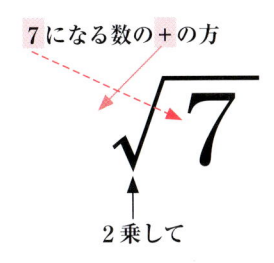

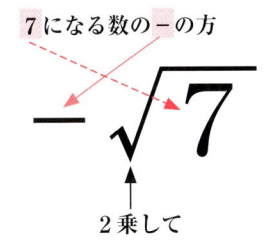

7になる数の＋の方　　　　　7になる数の−の方
　　　$\sqrt{7}$　　　　　　　　　　$-\sqrt{7}$
　　　2乗して　　　　　　　　　　2乗して

PART 6 平方根

演習　〈　〉をうめてください。

① 5の平方根は（　）^{2} = 5の（　）の中、プラスのほうが〈　　〉マイナスの方は〈　　〉
② 7の平方根は（　）^{2} = 7の（　）の中、プラスのほうが〈　　〉マイナスの方は〈　　〉
③ 2の平方根は（　）^{2} = 2の（　）の中、プラスのほうが〈　　〉マイナスの方は〈　　〉
④ 11の平方根は（　）^{2} = 11の（　）の中、プラスのほうが〈　　〉マイナスの方は〈　　〉

答

① 5の平方根は（　）^{2} = 5の（　）の中、プラスのほうが〈$\sqrt{5}$〉マイナスのほうは〈$-\sqrt{5}$〉
② 7の平方根は（　）^{2} = 7の（　）の中、プラスのほうが〈$\sqrt{7}$〉マイナスのほうは〈$-\sqrt{7}$〉
③ 2の平方根は（　）^{2} = 2の（　）の中、プラスのほうが〈$\sqrt{2}$〉マイナスのほうは〈$-\sqrt{2}$〉
④ 11の平方根は（　）^{2} = 11の（　）の中、プラスのほうが〈$\sqrt{11}$〉マイナスのほうは〈$-\sqrt{11}$〉

> **ここがコツ** 9の平方根は$\sqrt{9}$と$-\sqrt{9}$ではなく、3と−3

9の平方根は（　）^{2} = 9の（　）に入る数は、さしあたり$\sqrt{9}$と$-\sqrt{9}$と表せます。一方 $3^2 = 9$、$(-3)^2 = 9$ ですから、$\sqrt{9} = 3$，$-\sqrt{9} = -3$ と$\sqrt{\ }$，$-\sqrt{\ }$を使わなくても表せます。「$\sqrt{\ }$，$-\sqrt{\ }$を使って表してください」のような指定がない限り、9の平方根の答は3と−3にします。

演習 下の（　）をうめてください。

① 5の平方根は（　　と　　）
② 6の平方根は（　　と　　）
③ 16の平方根は $\sqrt{16}$ =（　）と $-\sqrt{16}$ =（　）
④ 11の平方根は（　　と　　）
⑤ 7の平方根は（　　と　　）
⑥ 49の平方根は $\sqrt{49}$ =（　）と $-\sqrt{49}$ =（　）
⑦ 64の平方根は $\sqrt{64}$ =（　）と $-\sqrt{64}$ =（　）
⑧ 25の平方根は $\sqrt{25}$ =（　）と $-\sqrt{25}$ =（　）

答と解説

① 5の平方根は（$\sqrt{5}$ と $-\sqrt{5}$）……**答**
② 6の平方根は（$\sqrt{6}$ と $-\sqrt{6}$）……**答**
③ 16の平方根は $\sqrt{16}$ =（ 4 ）と $-\sqrt{16}$ =（ −4 ）……**答**
④ 11の平方根は（$\sqrt{11}$ と $-\sqrt{11}$）……**答**
⑤ 7の平方根は（$\sqrt{7}$ と $-\sqrt{7}$）……**答**
⑥ 49の平方根は $\sqrt{49}$ =（ 7 ）と $-\sqrt{49}$ =（ −7 ）……**答**
⑦ 64の平方根は $\sqrt{64}$ =（ 8 ）と $-\sqrt{64}$ =（ −8 ）……**答**
⑧ 25の平方根は $\sqrt{25}$ =（ 5 ）と $-\sqrt{25}$ =（ −5 ）……**答**

この演習からもわかるように、$\sqrt{\ }$，$-\sqrt{\ }$を使わなくても表せるのは、$\sqrt{\ }$，$-\sqrt{\ }$の中の数字が、$1 = 1^2$，$4 = 2^2$，$9 = 3^2$，$16 = 4^2$，25，36，49，64，81，100…のような、2乗の数になっているときです。

ここまでの範囲の総合演習をします。案外ひっかかりやすいところです。

総合演習1　次の数を求めてください。

① 17の平方根　　② 2乗すると25になる数　　③ $x^2 = 6$ にあてはまる x
④ $\frac{9}{16}$ の平方根の負のほう　⑤ $\frac{25}{64}$ の平方根の正のほう　⑥ $\frac{4}{49}$ の平方根の負のほう

答と解説

① 17の平方根は $\sqrt{17}$ と $-\sqrt{17}$ ……**答**　② 2乗すると25になる数は 5 と −5 ……**答**
③ $x^2 = 6$ にあてはまる x は $\sqrt{6}$ と $-\sqrt{6}$ ……**答**
④ $\frac{9}{16}$ の平方根の負のほうは $-\frac{3}{4}$ ……**答**　⑤ $\frac{25}{64}$ の平方根の正のほうは $\frac{5}{8}$ ……**答**
⑥ $\frac{4}{49}$ の平方根の負のほうは $-\frac{2}{7}$ ……**答**

④⑤⑥のように、分数で分母、分子ともに2乗の数になっているパターンもよく出ます。こういうときは、分母は？　分子は？　と考えれば簡単です。$\frac{49}{81}$ の平方根は？と問われたら、分母81の平方根は、9と−9。分子49の平方根は、7と−7。だから、$\frac{7}{9}$ と $-\frac{7}{9}$。このように考えます。

総合演習2

次の文中の □ の中は正しいですか？　正しければ（　）の中に○、正しくないものは □ の中を訂正した答を（　）に書いてください。

① 64の平方根は $\boxed{8}$ である（　　　　）　② $\sqrt{81}$ は $\boxed{9 と -9}$ である（　　　　）
③ $-\sqrt{25}$ は $\boxed{-5}$ である（　　　　）　④ $\frac{36}{49}$ の平方根は $\boxed{\frac{6}{7}}$ である（　　　　）

答と解説

① 64の平方根は $\boxed{8}$ である（8と−8）…**答**　② $\sqrt{81}$ は $\boxed{9 と -9}$ である（ 9 ）…**答**
③ $-\sqrt{25}$ は $\boxed{-5}$ である（ ○ ）…**答**　④ $\frac{36}{49}$ の平方根は $\boxed{\frac{6}{7}}$ である（ $\frac{6}{7}$ と $-\frac{6}{7}$ ）…**答**

頭を整理しましょう！　36の平方根は？　と聞かれたら、6と−6の2つだから、36の平方根は6だけ（あるいは36の平方根は−6だけ）は誤り。
6（= $\sqrt{36}$）は36の平方根の正のほう、−6（= $-\sqrt{36}$）は36の平方根の負のほう。したがって、$\sqrt{36}$ は−6であるは誤り。

PART 6 平方根

コラム
√ (ルート)のものさしで平方根になじもう

「平方根はできますか？」と聞くと、√ の計算は一応できるけど、どこかしっくりこないという答えが時折聞かれます。多くの場合、その原因は√ の大きさが直感的につかめないところにあるようです。具体例でいえば、「たとえば$\sqrt{60}$の大きさは？」と聞かれたとき、その大体の値が、直感的にわからないということです。

しかし、ここで紹介する√ (ルート)のものさしに慣れればこんな質問にも簡単に答えられ、√ がしっくりくるようになるはずです。

√ (ルート)のものさし

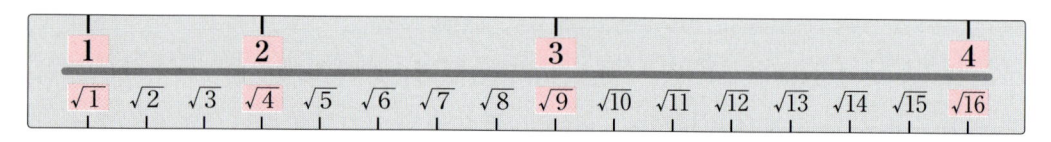

$\sqrt{1}=1$、$\sqrt{4}=2$、$\sqrt{9}=3$、$\sqrt{16}=4$、$\sqrt{25}=5$、$\sqrt{36}=6$…を目盛にすると、

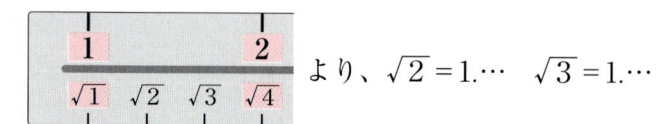

より、$\sqrt{2}=1.\cdots$　$\sqrt{3}=1.\cdots$

> **注**
> 「1.…」は1点台という意味で使っています。

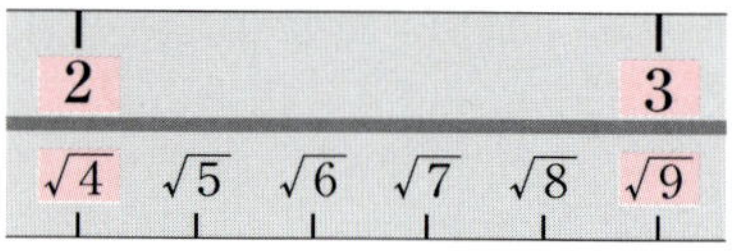

より、$\sqrt{5}=2.\cdots$　$\sqrt{6}=2.\cdots$　$\sqrt{7}=2.\cdots$　$\sqrt{8}=2.\cdots$のように√ の大体の値がすぐにわかります。

これに慣れると、たとえば$\sqrt{45}$は、$\sqrt{36}\cdots\sqrt{45}\cdots\sqrt{49}$だから$\sqrt{36}$と$\sqrt{49}$のあいだにあるので、6.…とすぐにわかります。

演習　( )をうめてください。

① $\sqrt{()}\cdots\sqrt{72}\cdots\sqrt{()}$ だから $\sqrt{72}=().\cdots$
② $\sqrt{()}\cdots\sqrt{93}\cdots\sqrt{()}$ だから $\sqrt{93}=().\cdots$

答

① $\sqrt{(64)}\cdots\sqrt{72}\cdots\sqrt{(81)}$ だから $\sqrt{72}=(8).\cdots$　……答
② $\sqrt{(81)}\cdots\sqrt{93}\cdots\sqrt{(100)}$ だから $\sqrt{93}=(9).\cdots$　……答

2 平方根の計算

> **ここがコツ** $\sqrt{5} \times \sqrt{3} = \sqrt{5 \times 3} = \sqrt{15}$

$\sqrt{5} \times \sqrt{3} = \sqrt{5 \times 3} = \sqrt{15}$

このように√をつけたままなら、普通の掛け算（5×3＝15）の感覚でできます。

演習 次の計算をしてください。

① $\sqrt{2} \times \sqrt{3}$　② $\sqrt{7} \times \sqrt{3}$　③ $\sqrt{3} \times \sqrt{11}$　④ $\sqrt{2} \times \sqrt{5}$

答と解説

① $\sqrt{2} \times \sqrt{3} = \sqrt{2 \times 3} = \sqrt{6}$ ……答　② $\sqrt{7} \times \sqrt{3} = \sqrt{7 \times 3} = \sqrt{21}$ ……答

③ $\sqrt{3} \times \sqrt{11} = \sqrt{3 \times 11} = \sqrt{33}$ ……答　④ $\sqrt{2} \times \sqrt{5} = \sqrt{2 \times 5} = \sqrt{10}$ ……答

> **ここがコツ** $\sqrt{2} \times \sqrt{18} = \sqrt{2 \times 18} = \sqrt{36} = 6$

√の中の数字が、$1 = 1^2$, $4 = 2^2$, $9 = 3^2$, $16 = 4^2$, 25, 36, 49, 64, 81, 100…のような、2乗の数になっているときは、√を使わなくても表せました。そこで平方根の掛け算をしたとき、√の中がこのような2乗の数になれば、$\sqrt{2} \times \sqrt{18} = \sqrt{2 \times 18} = \sqrt{36} = 6$ のように√がはずれます。

演習 （　）をうめて計算してください。

① $\sqrt{2} \times \sqrt{50} = \sqrt{2 \times 50} = \sqrt{100} = (\quad)$　② $\sqrt{27} \times \sqrt{3} = \sqrt{27 \times 3} = \sqrt{(\quad)} = (\quad)$

③ $\sqrt{2} \times \sqrt{32} = \sqrt{2 \times 32} = \sqrt{(\quad)} = (\quad)$

答

① $\sqrt{2} \times \sqrt{50} = \sqrt{2 \times 50} = \sqrt{100} = (10)$ ……答

② $\sqrt{27} \times \sqrt{3} = \sqrt{27 \times 3} = \sqrt{(81)} = (9)$ ……答

③ $\sqrt{2} \times \sqrt{32} = \sqrt{2 \times 32} = \sqrt{(64)} = (8)$ ……答

PART 6　平方根

> **ここがコツ** $\sqrt{12} = \sqrt{4} \times \sqrt{3} = 2\sqrt{3}$

$\sqrt{5} \times \sqrt{3} = \sqrt{5 \times 3} = \sqrt{15}$でした。反対に$\sqrt{15} = \sqrt{5 \times 3} = \sqrt{5} \times \sqrt{3}$と分解できますから、$\sqrt{12} = \sqrt{4} \times \sqrt{3}$です。ところが$\sqrt{4} = 2$ですから、

$\sqrt{12} = \sqrt{4} \times \sqrt{3} = 2 \times \sqrt{3} = 2\sqrt{3}$（$2 \times a = 2a$というように×を省略。同様に$2 \times \sqrt{3}$も×を省略して$2\sqrt{3}$）。

このように部分的に$\sqrt{}$の外に数字が出せる場合があります。以下、例と演習で慣れましょう。

例 $\sqrt{3} \times \sqrt{21}$を計算してください。

さしあたり$\sqrt{3} \times \sqrt{21} = \sqrt{3 \times 21} = \sqrt{63}$。これで答になるか考えます。

$63 = 9 \times 7$ですから$\sqrt{3} \times \sqrt{21} = \sqrt{3 \times 21} = \sqrt{63} = \sqrt{9} \times \sqrt{7} = 3 \times \sqrt{7} = 3\sqrt{7}$が答となります。

演習 次の計算をしてください。

① $\sqrt{15} \times \sqrt{5}$　　② $\sqrt{2} \times \sqrt{6}$　　③ $\sqrt{10} \times \sqrt{2}$　　④ $\sqrt{18} \times \sqrt{3}$

答と解説

① $\sqrt{15} \times \sqrt{5} = \sqrt{75} = \sqrt{25} \times \sqrt{3} = 5\sqrt{3}$　　② $\sqrt{2} \times \sqrt{6} = \sqrt{12} = \sqrt{4} \times \sqrt{3} = 2\sqrt{3}$
③ $\sqrt{10} \times \sqrt{2} = \sqrt{20} = \sqrt{4} \times \sqrt{5} = 2\sqrt{5}$　　④ $\sqrt{18} \times \sqrt{3} = \sqrt{54} = \sqrt{9} \times \sqrt{6} = 3\sqrt{6}$

さしあたり掛け算をしたあと、$\sqrt{}$の中の数が$4 \times \bigcirc$、$9 \times \bigcirc$、$16 \times \bigcirc$、$25 \times \bigcirc$、$36 \times \bigcirc$…のようになっていないかチェックすれば簡単にできます。

(注)掛け算の答には、これまでに学んだように3つのパターンがありますから、気をつけてください。

　パターン1：$\sqrt{3} \times \sqrt{7} = \sqrt{21}$のように、そのまま答となる場合。

　パターン2：$\sqrt{2} \times \sqrt{8} = \sqrt{16} = 4$のように、$\sqrt{}$がはずれる場合。

　パターン3：$\sqrt{3} \times \sqrt{6} = \sqrt{18} = \sqrt{9} \times \sqrt{2} = 3\sqrt{2}$のように、部分的に$\sqrt{}$の外に数字が飛び出す場合。

ここがコツ

$$\frac{\sqrt{6}}{\sqrt{2}} = \sqrt{\frac{6}{2}} = \sqrt{3}$$

$\frac{\sqrt{6}}{\sqrt{2}} = \sqrt{\frac{6}{2}} = \sqrt{3}$　このように√をつけたままなら、普通の割り算（$\frac{6}{2}=3$）の感覚でできます。

演習　(　)をうめて計算してください。

① $\frac{\sqrt{21}}{\sqrt{7}} = \sqrt{\frac{(\ )}{(\ )}} = \sqrt{(\ )}$　　② $\frac{\sqrt{15}}{\sqrt{3}} = \sqrt{\frac{(\ )}{(\ )}} = \sqrt{(\ )}$　　③ $\frac{\sqrt{42}}{\sqrt{7}} = \sqrt{\frac{(\ )}{(\ )}} = \sqrt{(\ )}$

答

① $\frac{\sqrt{21}}{\sqrt{7}} = \sqrt{\frac{(21)}{(7)}} = \sqrt{(3)}$ …答　　② $\frac{\sqrt{15}}{\sqrt{3}} = \sqrt{\frac{(15)}{(3)}} = \sqrt{(5)}$ …答　　③ $\frac{\sqrt{42}}{\sqrt{7}} = \sqrt{\frac{(42)}{(7)}} = \sqrt{(6)}$ …答

演習　次の計算をしてください。

① $\frac{\sqrt{72}}{\sqrt{2}} = \sqrt{\frac{72}{2}} = \sqrt{(\ )} = (\ )$　　② $\frac{\sqrt{27}}{\sqrt{3}} = \sqrt{\frac{(\ )}{(\ )}} = \sqrt{(\ )} = (\ )$

③ $\frac{\sqrt{28}}{\sqrt{7}} = \sqrt{\frac{(\ )}{(\ )}} = \sqrt{(\ )} = (\ )$

答と解説

① $\frac{\sqrt{72}}{\sqrt{2}} = \sqrt{\frac{72}{2}} = \sqrt{(36)} = (6)$ ……答　　② $\frac{\sqrt{27}}{\sqrt{3}} = \sqrt{\frac{(27)}{(3)}} = \sqrt{(9)} = (3)$ ……答

③ $\frac{\sqrt{28}}{\sqrt{7}} = \sqrt{\frac{(28)}{(7)}} = \sqrt{(4)} = (2)$ ……答

割り算の結果が、$\sqrt{1}$，$\sqrt{4}$，$\sqrt{9}$，$\sqrt{16}$…のように√の中が2乗の数なら、当然√ははずれます。

演習　例にならって(　)をうめて計算してください。

例：$\frac{\sqrt{54}}{\sqrt{2}} = \sqrt{\frac{54}{2}} = \sqrt{27} = \sqrt{9} \times \sqrt{3} = 3\sqrt{3}$

① $\frac{\sqrt{24}}{\sqrt{2}} = \sqrt{\frac{24}{2}} = \sqrt{(\ )} = \sqrt{(\ )} \times \sqrt{(\ )} = (\ )$

② $\frac{\sqrt{250}}{\sqrt{5}} = \sqrt{\frac{250}{5}} = \sqrt{(\ )} = \sqrt{(\ )} \times \sqrt{(\ )} = (\ )$

答と解説

① $\frac{\sqrt{24}}{\sqrt{2}} = \sqrt{\frac{24}{2}} = \sqrt{(12)} = \sqrt{(4)} \times \sqrt{(3)} = (2\sqrt{3})$ ……答

② $\frac{\sqrt{250}}{\sqrt{5}} = \sqrt{\frac{250}{5}} = \sqrt{(50)} = \sqrt{(25)} \times \sqrt{(2)} = (5\sqrt{2})$ ……答

√の中が $4 \times \bigcirc$，$9 \times \bigcirc$，$16 \times \bigcirc$，$25 \times \bigcirc$…のように2乗の数なら、部分的に√の外に数字が出ます。

PART 6　平方根

ここがコツ

$$\sqrt{\frac{5}{4}} = \frac{\sqrt{5}}{\sqrt{4}} = \frac{\sqrt{5}}{2}$$

$\frac{\sqrt{5}}{\sqrt{4}} = \sqrt{\frac{5}{4}}$ でした。反対に $\sqrt{\frac{5}{4}} = \frac{\sqrt{5}}{\sqrt{4}}$ と分解できます。さらに、$\sqrt{4} = 2$ ですから $\sqrt{\frac{5}{4}} = \frac{\sqrt{5}}{\sqrt{4}} = \frac{\sqrt{5}}{2}$ となります。このタイプの問題もよく出ます。

演習 例にならって（　）をうめて計算してください。

例：$\sqrt{\frac{5}{16}} = \frac{\sqrt{5}}{\sqrt{16}} = \frac{\sqrt{5}}{4}$

① $\sqrt{\frac{3}{4}} = \frac{\sqrt{()}}{\sqrt{()}} = \frac{\sqrt{()}}{()}$　　② $\sqrt{\frac{11}{36}} = \frac{\sqrt{()}}{\sqrt{()}} = \frac{\sqrt{()}}{()}$　　③ $\sqrt{\frac{7}{25}} = \frac{\sqrt{()}}{\sqrt{()}} = \frac{\sqrt{()}}{()}$

答

① $\sqrt{\frac{3}{4}} = \frac{\sqrt{(3)}}{\sqrt{(4)}} = \frac{\sqrt{(3)}}{(2)}$　…答　　② $\sqrt{\frac{11}{36}} = \frac{\sqrt{(11)}}{\sqrt{(36)}} = \frac{\sqrt{(11)}}{(6)}$　…答　　③ $\sqrt{\frac{7}{25}} = \frac{\sqrt{(7)}}{\sqrt{(25)}} = \frac{\sqrt{(7)}}{(5)}$　…答

ここがコツ

$$\sqrt{\frac{2}{5}} = \frac{\sqrt{2}}{\sqrt{5}} = \frac{\sqrt{2}}{\sqrt{5}} \times \frac{\sqrt{5}}{\sqrt{5}} = \frac{\sqrt{10}}{5}$$

$\sqrt{\frac{3}{16}} = \frac{\sqrt{3}}{\sqrt{16}} = \frac{\sqrt{3}}{4}$ は正しい答ですが、$\sqrt{\frac{2}{5}} = \frac{\sqrt{2}}{\sqrt{5}}$ は正しい答になりません。
<mark>分母に $\sqrt{}$ の数は残してはいけない</mark> ことになっているからです。こういう場合、大きさは変えないで、見かけを変えます。

$\sqrt{5}$ に $\sqrt{5}$ を掛けると 5 になることを使います（$\sqrt{5} \times \sqrt{5} = \sqrt{25} = 5$）。

$\sqrt{\frac{2}{5}} = \frac{\sqrt{2}}{\sqrt{5}} = \frac{\sqrt{2}}{\sqrt{5}} \times \frac{\sqrt{5}}{\sqrt{5}} = \frac{\sqrt{10}}{5}$　これが答です。

分数の分母と分子に同じ数を掛けても、分数の大きさは変わりません。

例：$\frac{2}{3} = \frac{2}{3} \times \frac{3}{3} = \frac{6}{9}$

このやり方と同じです。こうして分母の $\sqrt{}$ を $\sqrt{}$ のつかない数にすることを**分母の有理化**といいます。

演習 以下の分数の分母の有理化をして（　）をうめてください。

① $\sqrt{\frac{5}{3}} = \frac{\sqrt{()}}{\sqrt{()}} = \frac{\sqrt{()}}{\sqrt{()}} \times \frac{\sqrt{()}}{\sqrt{()}} = \frac{\sqrt{()}}{()}$　　② $\sqrt{\frac{2}{7}} = \frac{\sqrt{()}}{\sqrt{()}} = \frac{\sqrt{()}}{\sqrt{()}} \times \frac{\sqrt{()}}{\sqrt{()}} = \frac{\sqrt{()}}{()}$

答

① $\sqrt{\dfrac{5}{3}} = \dfrac{\sqrt{(5)}}{\sqrt{(3)}} = \dfrac{\sqrt{(5)}}{\sqrt{(3)}} \times \dfrac{\sqrt{(3)}}{\sqrt{(3)}} = \dfrac{\sqrt{(15)}}{(3)}$ ……答

② $\sqrt{\dfrac{2}{7}} = \dfrac{\sqrt{(2)}}{\sqrt{(7)}} = \dfrac{\sqrt{(2)}}{\sqrt{(7)}} \times \dfrac{\sqrt{(7)}}{\sqrt{(7)}} = \dfrac{\sqrt{(14)}}{(7)}$ ……答

> **ここがコツ**
> $5\sqrt{3} + 3\sqrt{2} - 3\sqrt{3} + 2\sqrt{2}$
> $= 2\sqrt{3} + 5\sqrt{2}$

$5a + 3b - 3a + 2b = 2a + 5b$ でした。これと同じ要領で、
$5\sqrt{3} + 3\sqrt{2} - 3\sqrt{3} + 2\sqrt{2} = 2\sqrt{3} + 5\sqrt{2}$ です。

演習 次の計算をしてください。

① $4\sqrt{3} - 2\sqrt{3} + 5\sqrt{3}$ ② $4\sqrt{2} - 2\sqrt{5} + 5\sqrt{2} - 8\sqrt{5}$
③ $3\sqrt{7} - 4\sqrt{3} - 5\sqrt{7} - 3\sqrt{3}$ ④ $2\sqrt{6} - \sqrt{2} + 7\sqrt{6} - 4\sqrt{2}$

答

① $4\sqrt{3} - 2\sqrt{3} + 5\sqrt{3} = 7\sqrt{3}$ ……答

② $4\sqrt{2} - 2\sqrt{5} + 5\sqrt{2} - 8\sqrt{5} = 9\sqrt{2} - 10\sqrt{5}$ ……答

③ $3\sqrt{7} - 4\sqrt{3} - 5\sqrt{7} - 3\sqrt{3} = -2\sqrt{7} - 7\sqrt{3}$ ……答

④ $2\sqrt{6} - \sqrt{2} + 7\sqrt{6} - 4\sqrt{2} = 9\sqrt{6} - 5\sqrt{2}$ ……答

演習 例にならって次の計算をしてください。

例: $2\sqrt{3} - \dfrac{3}{\sqrt{3}} = 2\sqrt{3} - \dfrac{3 \times \sqrt{3}}{\sqrt{3} \times \sqrt{3}} = 2\sqrt{3} - \dfrac{3 \times \sqrt{3}}{3} = 2\sqrt{3} - \sqrt{3} = \sqrt{3}$

分母に $\sqrt{}$ の数があるので、さしあたり有理化します。このパターンもよく出ます。

① $4\sqrt{2} - \dfrac{4}{\sqrt{2}}$ ② $\dfrac{3\sqrt{5}}{5} - \dfrac{2}{\sqrt{5}}$

答

① $4\sqrt{2} - \dfrac{4}{\sqrt{2}} = 4\sqrt{2} - \dfrac{4 \times \sqrt{2}}{\sqrt{2} \times \sqrt{2}} = 4\sqrt{2} - \dfrac{4 \times \sqrt{2}}{2} = 4\sqrt{2} - 2\sqrt{2} = 2\sqrt{2}$ ……答

② $\dfrac{3\sqrt{5}}{5} - \dfrac{2}{\sqrt{5}} = \dfrac{3\sqrt{5}}{5} - \dfrac{2 \times \sqrt{5}}{\sqrt{5} \times \sqrt{5}} = \dfrac{3\sqrt{5}}{5} - \dfrac{2\sqrt{5}}{5} = \dfrac{\sqrt{5}}{5}$ ……答

PART 6 平方根

ここがコツ

$$\sqrt{8} + 3\sqrt{2} = 2\sqrt{2} + 3\sqrt{2} = 5\sqrt{2}$$

$\sqrt{8} + 3\sqrt{2}$ このような計算の場合、まず $\sqrt{}$ がとれないか？ あるいは $\sqrt{}$ の一部が飛び出さないか？ を検討します。$\sqrt{8} = \sqrt{4} \times \sqrt{2} = 2\sqrt{2}$ だから、$\sqrt{8} + 3\sqrt{2} = 2\sqrt{2} + 3\sqrt{2}$ です。ここからさらに計算できれば計算します。$\sqrt{8} + 3\sqrt{2} = 2\sqrt{2} + 3\sqrt{2} = 5\sqrt{2}$ です。

演習　次の計算をしてください。

① $\sqrt{12} + \sqrt{75}$　　② $\sqrt{50} + \sqrt{8}$　　③ $\sqrt{12} - \sqrt{24} + 3\sqrt{27} - \sqrt{6}$

答と解説

① $\sqrt{12} + \sqrt{75} = \sqrt{4} \times \sqrt{3} + \sqrt{25} \times \sqrt{3} = 2\sqrt{3} + 5\sqrt{3} = 7\sqrt{3}$　……答

② $\sqrt{50} + \sqrt{8} = \sqrt{25} \times \sqrt{2} + \sqrt{4} \times \sqrt{2} = 5\sqrt{2} + 2\sqrt{2} = 7\sqrt{2}$　……答

③ $\sqrt{12} - \sqrt{24} + 3\sqrt{27} - \sqrt{6} = \sqrt{4} \times \sqrt{3} - \sqrt{4} \times \sqrt{6} + 3 \times \sqrt{9} \times \sqrt{3} - \sqrt{6}$
　$= 2\sqrt{3} - 2\sqrt{6} + 3 \times 3 \times \sqrt{3} - \sqrt{6} = 2\sqrt{3} - 2\sqrt{6} + 9\sqrt{3} - \sqrt{6}$
　$= 11\sqrt{3} - 3\sqrt{6}$　……答

演習　例にならって次の計算をしてください。

$\sqrt{}$ の一部が飛び出します。

例：$\sqrt{32} + \dfrac{8}{\sqrt{2}} = \sqrt{16} \times \sqrt{2} + \dfrac{8 \times \sqrt{2}}{\sqrt{2} \times \sqrt{2}} = 4\sqrt{2} + \dfrac{8\sqrt{2}}{2} = 4\sqrt{2} + 4\sqrt{2} = 8\sqrt{2}$

分母に $\sqrt{}$ の数があるので、さしあたり有理化します。

$\sqrt{}$ の一部が飛び出す場合と、有理化する場合の組み合わせです。このパターンもよく出ます。

① $\sqrt{27} + \dfrac{9}{\sqrt{3}}$　　② $\sqrt{45} + \dfrac{15}{\sqrt{5}}$

答と解説

① $\sqrt{27} + \dfrac{9}{\sqrt{3}} = \sqrt{9} \times \sqrt{3} + \dfrac{9 \times \sqrt{3}}{\sqrt{3} \times \sqrt{3}} = 3\sqrt{3} + \dfrac{9\sqrt{3}}{3} = 3\sqrt{3} + 3\sqrt{3} = 6\sqrt{3}$　……答

② $\sqrt{45} + \dfrac{15}{\sqrt{5}} = \sqrt{9} \times \sqrt{5} + \dfrac{15 \times \sqrt{5}}{\sqrt{5} \times \sqrt{5}} = 3\sqrt{5} + \dfrac{15\sqrt{5}}{5} = 3\sqrt{5} + 3\sqrt{5} = 6\sqrt{5}$　……答

ここがコツ

$$\sqrt{2} + 3(1 + 2\sqrt{2})$$
$$= \sqrt{2} + 3 + 6\sqrt{2} = 3 + 7\sqrt{2}$$

$a + 3(1 + 2a) = a + 3 + 6a = 3 + 7a$ と計算しました。同様に、$\sqrt{2} + 3(1 + 2\sqrt{2}) = \sqrt{2} + 3 + 6\sqrt{2} = 3 + 7\sqrt{2}$ です。（ ）があればまず（ ）をはずします。

演習　次の計算をしてください。

① $\sqrt{8} - (3\sqrt{2} - 5)$　　② $\sqrt{24} - \sqrt{3}(3\sqrt{2} - 5)$　　③ $\sqrt{2}(3\sqrt{5} - 5) - \dfrac{2\sqrt{5}}{\sqrt{2}}$

④ $\sqrt{6}(2\sqrt{2} - 6) + 4\sqrt{3}$　　⑤ $\dfrac{20\sqrt{3}}{\sqrt{5}} - \sqrt{5}(2\sqrt{3} - 2\sqrt{5})$

答と解説

√の一部が飛び出します。

① $\sqrt{8} - (3\sqrt{2} - 5) = \sqrt{8} - 3\sqrt{2} + 5 = \sqrt{4} \times \sqrt{2} - 3\sqrt{2} + 5 = 2\sqrt{2} - 3\sqrt{2} + 5 = -\sqrt{2} + 5$ ……答

√の一部が飛び出します。

② $\sqrt{24} - \sqrt{3}(3\sqrt{2} - 5) = \sqrt{24} - 3\sqrt{6} + 5\sqrt{3} = \sqrt{4} \times \sqrt{6} - 3\sqrt{6} + 5\sqrt{3} = 2\sqrt{6} - 3\sqrt{6} + 5\sqrt{3} = -\sqrt{6} + 5\sqrt{3}$ ……答

有理化します。

③ $\sqrt{2}(3\sqrt{5} - 5) - \dfrac{2\sqrt{5}}{\sqrt{2}} = 3\sqrt{10} - 5\sqrt{2} - \dfrac{2\sqrt{5}}{\sqrt{2}} = 3\sqrt{10} - 5\sqrt{2} - \dfrac{2\sqrt{5} \times \sqrt{2}}{\sqrt{2} \times \sqrt{2}}$
$= 3\sqrt{10} - 5\sqrt{2} - \dfrac{2\sqrt{10}}{2} = 3\sqrt{10} - 5\sqrt{2} - \sqrt{10} = 2\sqrt{10} - 5\sqrt{2}$ ……答

√の一部が飛び出します。

④ $\sqrt{6}(2\sqrt{2} - 6) + 4\sqrt{3} = 2\sqrt{12} - 6\sqrt{6} + 4\sqrt{3} = 2 \times \sqrt{4} \times \sqrt{3} - 6\sqrt{6} + 4\sqrt{3}$
$= 2 \times 2 \times \sqrt{3} - 6\sqrt{6} + 4\sqrt{3} = 4\sqrt{3} - 6\sqrt{6} + 4\sqrt{3} = 8\sqrt{3} - 6\sqrt{6}$ ……答

有理化します。

⑤ $\dfrac{20\sqrt{3}}{\sqrt{5}} - \sqrt{5}(2\sqrt{3} - 2\sqrt{5}) = \dfrac{20\sqrt{3}}{\sqrt{5}} - 2\sqrt{15} + 2 \times 5 = \dfrac{20\sqrt{3} \times \sqrt{5}}{\sqrt{5} \times \sqrt{5}} - 2\sqrt{15} + 10$
$= \dfrac{20\sqrt{15}}{5} - 2\sqrt{15} + 10 = 4\sqrt{15} - 2\sqrt{15} + 10 = 2\sqrt{15} + 10$ ……答

PART 6 平方根

PART 7　2次方程式

1　2次方程式の計算

> **ここがコツ**　$4x^2 = 12 \to x^2 = 3 \to x = \pm\sqrt{3}$

2次方程式とは $ax^2 + bx + c = 0$（$a \neq 0$）の形の方程式です。

具体的には $3x^2 - 9 = 0$　$x^2 + 9x = 0$　$x^2 + 5x - 4 = 0$ などです。このうち、$3x^2 - 9 = 0$ のようなパターンの2次方程式は、平方根の意味から解きます。

たとえば、$4x^2 - 12 = 0$ なら、-12 を移項して $4x^2 = 12$、両辺に $\frac{1}{4}$ を掛け、$x^2 = 3$、x は2乗して3になる数、3の平方根だから $x = \pm\sqrt{3}$ です。

$x = \pm\sqrt{3}$ は、$x = +\sqrt{3}$ と $x = -\sqrt{3}$ をまとめて書いたものです。

演習　次の方程式を解いてください。

① $x^2 - 20 = 0$　② $2x^2 - 48 = 0$

答と解説

① $x^2 - 20 = 0 \to x^2 = 20 \to x = \pm\sqrt{20} = \pm\sqrt{4 \times 5} = \pm 2\sqrt{5}$ ……答

② $2x^2 - 48 = 0 \to 2x^2 = 48 \to x^2 = 48 \times \frac{1}{2} \to x^2 = 24 \to$
$x = \pm\sqrt{24} = \pm\sqrt{4 \times 6} = \pm 2\sqrt{6}$ ……答

> **ここがコツ**　$(x+2)^2 = 3 \to (x+2) = \pm\sqrt{3}$
> $\to x = -2 \pm\sqrt{3}$

（　）$^2 = 3$ のとき（　）は3の平方根だから（　）$= \pm\sqrt{3}$ です。

$(x+2)^2 = 3$ のときも（　）は3の平方根だから $(x+2) = \pm\sqrt{3}$ です。

$+2$ を移項して、$x = -2 \pm\sqrt{3}$ です。

演習　次の2次方程式を解いてください。

① $(x-1)^2 = 5$　② $(x+8)^2 = 7$

答と解説

① $(x-1)^2 = 5$ → $(x-1) = \pm\sqrt{5}$ → $x = 1 \pm \sqrt{5}$ ……答

② $(x+8)^2 = 7$ → $(x+8) = \pm\sqrt{7}$ → $x = -8 \pm \sqrt{7}$ ……答

> **ここがコツ** $x^2 - 5x + 6 = 0 \to (x-2)(x-3) = 0$
> $\to x - 2 = 0, x - 3 = 0$

$x^2 - 5x + 6 = 0$ で、$x^2 - 5x + 6$ は、$x^2 - 5x + 6 = (x-2)(x-3)$ と因数分解できます。

足して−5 　掛けて+6 　→ 　−2と−3

そこで $x^2 - 5x + 6 = (x-2)(x-3) = 0$。この因数分解した方程式を、**$ab = a \times b = 0$ ならば、$a = 0$ か $b = 0$** を使って解きます。

$x^2 - 5x + 6 = \underline{(x-2)}\,\underline{(x-3)} = 0$ より
　　　　　　　　　a　　　b

$x - 2 = 0$ 　か 　$x - 3 = 0$

$x = 2$ 　か 　$x = 3$

$x = 2, \; x = 3$

演習 因数分解を使って2次方程式を解いてください。

① $x^2 - 2x - 8 = 0$ 　② $x^2 + x - 72 = 0$

答と解説

① $x^2 - 2x - 8 = (x-4)(x+2) = 0$ より、$x - 4 = 0$ 　か 　$x + 2 = 0$

　　　　　　　　　　　　　　　　　　　　　　　　$x = 4$ 　か 　$x = -2$

足して−2 　掛けて−8 　→ 　−4と+2 　　　　　答 　$x = 4, \; x = -2$

② $x^2 + x - 72 = (x+9)(x-8) = 0$ より、$x + 9 = 0$ 　か 　$x - 8 = 0$

　　　　　　　　　　　　　　　　　　　　　　　　$x = -9$ 　か 　$x = 8$

足して1 　掛けて−72 　→ 　+9と−8 　　　　　答 　$x = -9, \; x = 8$

PART 7　2次方程式

ここがコツ

$ax^2+bx+c=0$ の解は、$x=\dfrac{-b\pm\sqrt{b^2-4ac}}{2a}$ （解の公式）

$x^2+5x-3=0$ を解の公式で解いてみます。

$x^2+5x-3=0$ と

$ax^2+bx+c=0$ を見比べることにより、

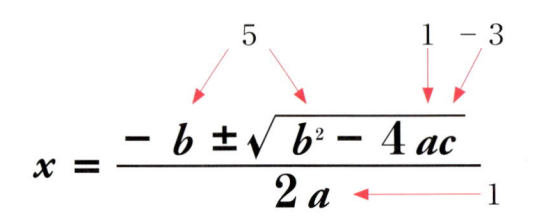

$a=1 \quad b=5 \quad c=-3$ そこで、

$$x=\frac{-b\pm\sqrt{b^2-4ac}}{2a}$$

$$x=\frac{-5\pm\sqrt{5^2-4\times 1\times(-3)}}{2\times 1}=\frac{-5\pm\sqrt{25+12}}{2}=\frac{-5\pm\sqrt{37}}{2}$$

演習　次の2次方程式を解の公式で解いてください。

① $2x^2-3x-4=0$

② $x^2-7x+5=0$

答と解説

① $2x^2-3x-4=0$
$ax^2+bx+c=0$

$a=2 \quad b=-3 \quad c=-4$

$$x=\frac{-b\pm\sqrt{b^2-4ac}}{2a}$$

$$x=\frac{-(-3)\pm\sqrt{(-3)^2-4\times 2\times(-4)}}{2\times 2}$$

$$x=\frac{3\pm\sqrt{41}}{4} \quad\cdots\cdots 答$$

② $x^2-7x+5=0$
$ax^2+bx+c=0$

$a=1 \quad b=-7 \quad c=5$

$$x=\frac{-b\pm\sqrt{b^2-4ac}}{2a}$$

$$x=\frac{-(-7)\pm\sqrt{(-7)^2-4\times 1\times(5)}}{2\times 1}$$

$$x=\frac{7\pm\sqrt{29}}{2} \quad\cdots\cdots 答$$

ここがコツ まずは因数分解 → 無理なら解の公式

2次方程式が $x^2 + 3x = 4$　$x^2 = 6x + 4$　$-7x = -x^2 + 3$ …のような形で与えられる場合があります。このときは移項して $ax^2 + bx + c = 0$ の形にもっていきます。

$x^2 + 3x = 4$ なら移項して $x^2 + 3x - 4 = 0$、$x^2 = 6x + 4$ なら移項して $x^2 - 6x - 4 = 0$、$-7x = -x^2 + 3$ なら移項して $x^2 - 7x - 3 = 0$。

この形にしたあと、まずは因数分解をこころみます。因数分解が無理なら解の公式です。以下、例と演習で慣れましょう。

例 $x^2 = 3x + 2$ を解いてください。

まず $ax^2 + bx + c = 0$ の形にもっていくために移項します。

$x^2 - 3x - 2 = 0$　まずは因数分解をこころみます。

足して -3　掛けて -2

このような整数の組み合わせはありません。因数分解が無理なので解の公式で解きます。

$x^2 - 3x - 2 = 0$ と

$ax^2 + bx + c = 0$ を見比べることにより、

$a = 1$　$b = -3$　$c = -2$　そこで、

$$x = \frac{-b \pm \sqrt{b^2 - 4ac}}{2a}$$

$$x = \frac{-(-3) \pm \sqrt{(-3)^2 - 4 \times 1 \times (-2)}}{2 \times 1} = \frac{3 \pm \sqrt{9 + 8}}{2} = \frac{3 \pm \sqrt{17}}{2}$$

演習 次の方程式を解いてください。

$-20 = -x^2 - x$

答と解説

$-20 = -x^2 - x$　移項して $x^2 + x - 20 = 0$　因数分解をこころみます。

足して $+1$　掛けて -20　→　$+5$ と -4

そこで、$x^2 + x - 20 = (x - 4)(x + 5) = 0$　$x - 4 = 0$　$x + 5 = 0$

$x = 4$, $x = -5$　……答

2 2次方程式の文章題

> **ここが コツ** 求めるものを x として問題文に。
> 適・不適を検討

1次方程式と攻め方は同じです。**求めるものを x として問題文に書き込む**。そしてこの書き込みをみて式を立てます。ただ違うのは、2次方程式の文章題では、多くの場合、計算した2つの x の値のうち、一方は適、他方は不適となりますから、この検討が必要になります（もちろんどちらも適という問題もあります）。では、例と演習で、そのあたりに慣れましょう。

例 ある正の数を2乗して24を引くと、もとの数の5倍になります。ある正の数を求めてください。

まず求めるもの（ここではある正の数）**を x とします。**

そして以下のように問題文に書き込みます。

ある正の数を	2乗して	24を引くと	もとの数の5倍
↓	↓	↓	↓
x	x^2	x^2-24	$5x$

書き込みを見つめれば、$x^2-24=5x$ という**方程式が出てきます**。

ここからは $ax^2+bx+c=0$ の形にもっていって、まず因数分解、うまくいかないときには解の公式で解きます。

$x^2-24=5x$

　　　　　移項

$x^2-5x-24=0$ → $(x-8)(x+3)=0$ → $x-8=0$　$x+3=0$

足して -5　掛けて -24 → -8 と $+3$

$x=8$　$x=-3$

$x=8$ と $x=-3$ が一応出ました。ここから適・不適の検討をします。

ある正の数を x としましたから、x はあくまでも正の数です。

そうすると、$x=-3$ は不適、$x=8$ は適となります。

ある正の数は8が答です。

演　習

ある正の数を2乗したら、もとの数の5倍より14大きくなりました。
もとの数を求めてください。

まず求めるもの（もとの数＝ある正の数）を x とします。
そして以下のように問題文に**書き込みます**。

ある正の数を　　2乗したら　　もとの数の5倍　　より14大きく……
　（　　　）　　（　　　）　　（　　　）　　（　　　　　）

書き込みより（　　　　　　　　　）という**方程式が出てきます**。
以下、解いてください。

x は（　　　）の数なので $x=$（　　　）は不適、$x=$（　　　）は適。
もとの数は（　　　）

答と解説

ある正の数を　　2乗したら　　もとの数の5倍　　より14大きく……
　（ x ）　　（ x^2 ）　　（ $5x$ ）　　（ $5x+14$ ）

書き込みより（　$x^2 = 5x + 14$　）。ここからは $ax^2 + bx + c = 0$ の形にもっていって、まず因数分解、うまくいかないときには解の公式で解きます。

$x^2 = 5x + 14$

　　　　　　移項

$x^2 - 5x - 14 = 0$ → $(x-7)(x+2) = 0$ → $x - 7 = 0$　$x + 2 = 0$

　足して -5　掛けて -14　→　-7 と $+2$

$x = 7$　$x = -2$

x は（　正　）の数なので $x =$（ -2 ）は不適、$x =$（　7　）は適。
もとの数は（　7　）……**答**

ここがコツ
求めるものを x として図に。適・不適を検討

面積の問題なども、1次方程式と攻め方は同じです。**求めるものを x として図に書き込む**。そしてこの書き込みをみて式を立てます。1次方程式では速さ・時間・道のりの問題が図に書き込む問題の定番でしたが、2次方程式では花壇に道をつける問題などが定番の問題になります。もちろん図に書き込む問題でも最後に適・不適の検討が必要です。

花壇に道をつける問題にチャレンジしましょう。
一見難しそうな花壇に道をつける問題でも、**道を端に寄せると簡単に解けます。**
たとえば縦が30m、横が15mの長方形の土地に幅3mの道をつけ残りを花壇にする場合、左図で花壇の面積を計算するのは大変ですが、右図のように道を端に寄せると花壇の面積は $(30-3)\times(15-3)$ で簡単に求めることができます。（**答** 324㎡）

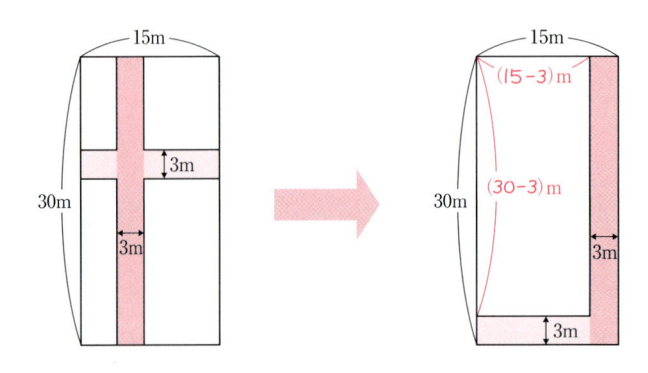

このことを踏まえて、まずは式を立てる練習をしましょう。

例 縦12m、横22mの長方形の土地の縦横に同じ幅の道をつけ、残りを花壇にします。花壇の面積を200㎡とするには道幅はいくらにしたらよいでしょう。

求めるもの（道幅）を x m として、道を端に寄せて右下図のように書き込みます。

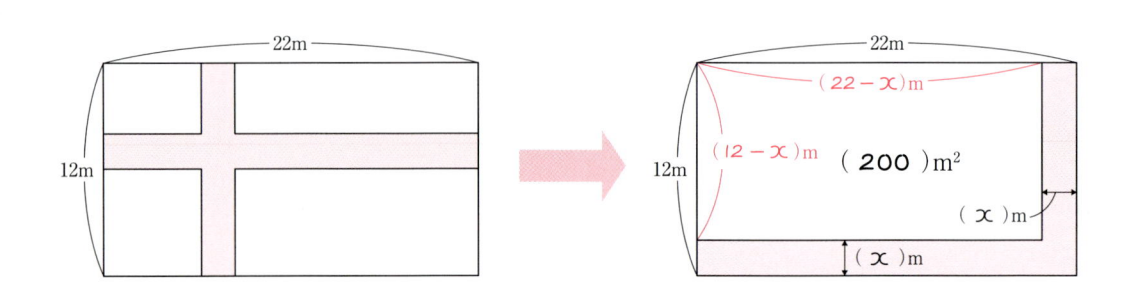

書き込みより（　　　　　　　　　　　）という**方程式**が立てられます。

答と解説

左図の書き込みより、$(12-x)(22-x)=200$ という方程式が立てられます。

$264-12x-22x+x^2=200 \quad x^2-34x+64=0$

$(x-2)(x-32)=0$

$x=2$、$x=32 \quad x=32$ は横の長さより大きいので不適。$x=2$ は適。

答 2（m）

演習

縦が12m、横が10mの長方形の土地の縦横に同じ幅の道をつけ、残りを花壇にします。

花壇の面積を63㎡とするには、道幅はいくらにしたらよいでしょう。

道幅を x m として、図を書いて式を立てて解いてください。

答と解説

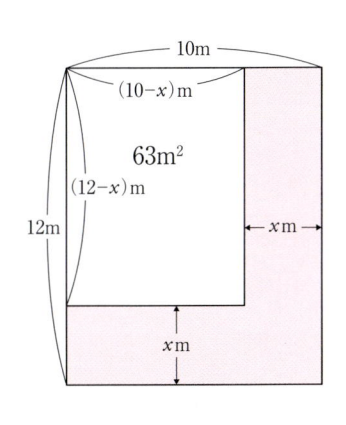

左図の書き込みより、

$(12-x)(10-x)=63$

$120-12x-10x+x^2=63$

$x^2-22x+120=63$

$x^2-22x+120-63=0$

$x^2-22x+57=0$

足して -22　掛けて 57

掛けて57となるのは（1と57）（−1と−57）（3と19）（−3と−19）。この中で足して−22となるのは、（−3と−19）そこで、$x^2-22x+57=(x-3)(x-19)=0$

$x-3=0 \quad x-19=0 \quad x=3 \quad x=19$

$x=19$ は横の長さ10より大きいので不適。

$x=3$ は適。　**答** 3（m）

PART 8　確率

1　確率を求める

> **ここがコツ**　確率 ＝ 何回やって何回起こるかの割合

例　コインを1枚投げるとき、表の出る確率を求めてください。

表が出るのは、2回やって1回だからその割合は $\frac{1}{2}$。これがコインを1枚投げるときの表が出る確率です。

例　1つのサイコロを投げるとき、1か2が出る確率を求めてください。

6回やって2回だから $\frac{2}{6} = \frac{1}{3}$

演習　以下の問いに答えてください。

① 赤球3個と白球2個が入っている袋から1個を取り出すとき、それが白球である確率を求めてください。

② 1組のトランプのカード52枚から1枚のカードを引くとき、それがダイヤである確率を求めてください。

③ 1つのサイコロを投げるとき、3以下の目が出る確率を求めてください。

答と解説

① 赤玉に ❶ ❷ ❸ 白球に ❹ ❺ と番号をつけます。5回取り出すと（❶ ❷ ❸ ❹ ❺）が出ます。この中で白球は（❹ ❺）です。5回取り出して2回だから、白球が出る確率は $\frac{2}{5}$ です。

② 52枚のトランプのうちダイヤは13枚です。52回引くとダイヤが13回出ます。そこで1枚のカードを引いてダイヤが出る確率は $\frac{13}{52} = \frac{1}{4}$ です。

③ 6回投げると（⚀ ⚁ ⚂ ⚃ ⚄ ⚅）が出ます。この中で3以下は（⚀ ⚁ ⚂）です。6回投げて3回出ますから、3以下の目が出る確率は $\frac{3}{6} = \frac{1}{2}$ です。

| ここが コツ | サイコロ A、B を同時に投げる
2枚のコインを同時に投げる
カードを取り出して2けたの整数を作る | ➡ 樹形図で解決 |

要は樹形図を書けば簡単ということです。さっそく例からやってみましょう。

例 2つのサイコロA、Bを同時に投げるとき、目の数の和が6になる確率を求めてください。

2つのサイコロA、Bを同時に投げるときの目の出方を樹形図で書くと下のようになります。

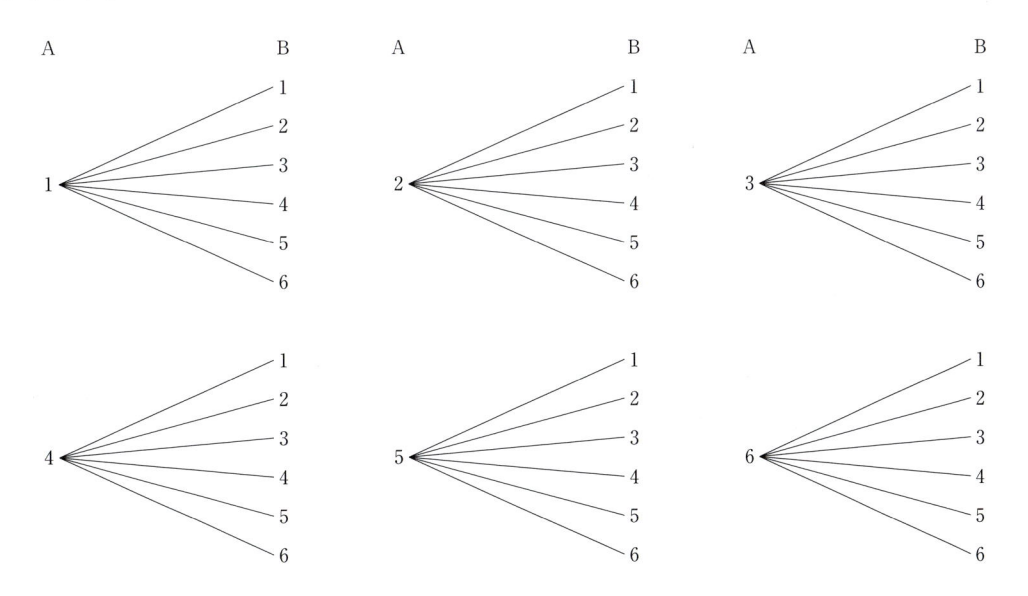

樹形図より、目の出方は全部で36通り。この中で目の数の和が6となるのは、(1, 5)(2, 4)(3, 3)(4, 2)(5, 1)の5通りです。36回やって5回だから、目の数の和が6となる確率は$\frac{5}{36}$です。

演 習

2つのサイコロA、Bを同時に投げるとき、目の数の積(2つの目の数を掛けた値)が4になる確率を求めてください。

答と解説

上記のような樹形図を書いてください。樹形図より、目の出方は全部で36通り。この中で目の数の積が4となるのは(1, 4)(2, 2)(4, 1)の3通りとすぐわかります。

36回やって3回だから、目の数の積が4となる確率は$\frac{3}{36} = \frac{1}{12}$です。

PART 8 確率

例 2枚のコインA、Bを同時に投げるとき、2枚とも表が出る確率を求めてください。

2枚のコインA、Bを同時に投げるときの表と裏の出方を樹形図で書くと下のようになります。

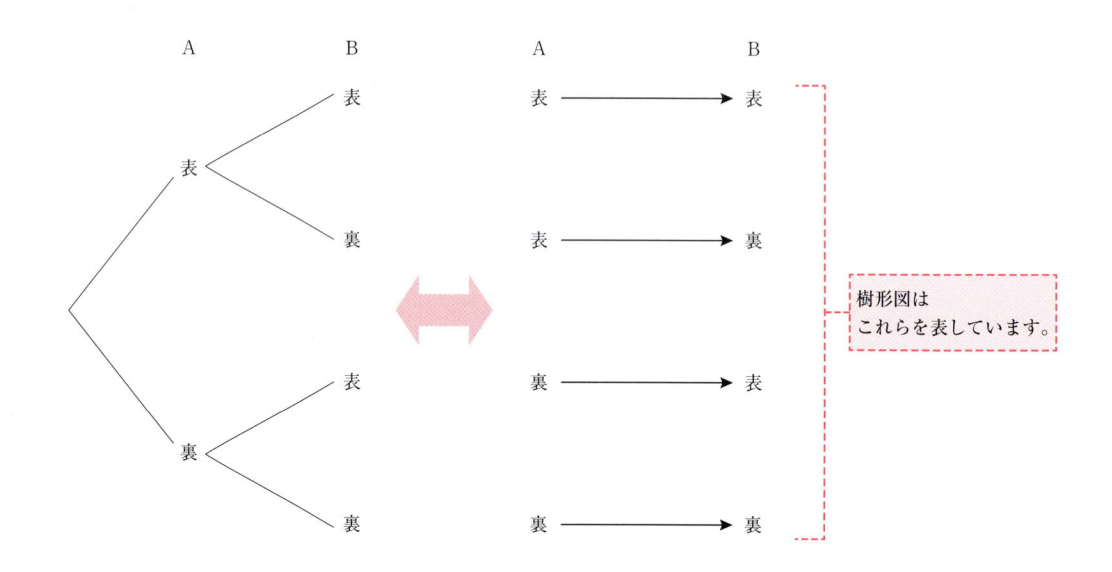

```
    A      B           A           B
           表          表  ───→    表
    表
           裏          表  ───→    裏
                                        ┆ 樹形図は
                ⇔                       ┆ これらを表しています。
           表          裏  ───→    表
    裏
           裏          裏  ───→    裏
```

樹形図より、表と裏の出方は全部で（表　表）（表　裏）（裏　表）（裏　裏）の4通り。この中で2枚とも表が出るのは（表　表）の1通りです。

4回やって1回だから、2枚とも表が出る確率は $\frac{1}{4}$ です。

演習 以下の問いに答えてください。

① 2枚のコインA、Bを同時に投げるとき、表と裏が出る確率を求めてください。
② 2枚のコインA、Bを同時に投げるとき、2枚とも裏が出る確率を求めてください。

答と解説

① 樹形図より、表と裏の出方は全部で（表　表）（表　裏）（裏　表）（裏　裏）の4通り。この中で表と裏が出るのは（表　裏）（裏　表）の2通りです。

4回やって2回だから表と裏が出る確率は $\frac{2}{4} = \frac{1}{2}$ です。

② 樹形図より、表と裏の出方は全部で（表　表）（表　裏）（裏　表）（裏　裏）の4通り。この中で2枚とも裏が出るのは（裏　裏）の1通りです。

4回やって1回だから2枚とも裏が出る確率は $\frac{1}{4}$ です。

例 ①②③④の4枚のカードから、続けて2回取り出し、1回目に取り出した数を十の位、2回目に取り出した数を一の位とする2けたの整数を作ります。ただし、1回目に取り出したカードは戻さずに2回目のカードを取り出します。このとき以下の問いに答えてください。

①整数は何通りできますか。

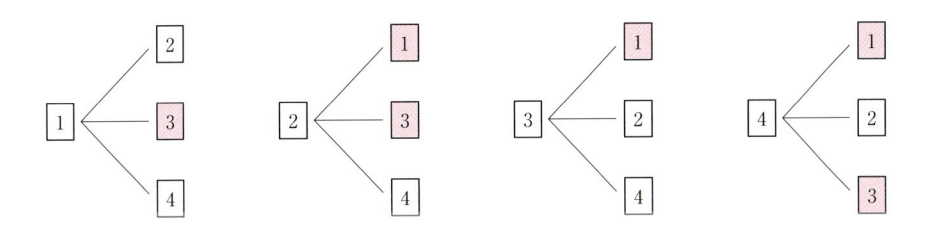

樹形図より、12通りです。

②奇数になる確率を求めてください。

2けたの数は、12, 13, 14, 21, 23, 24, 31, 32, 34, 41, 42, 43の12通り。この中で奇数は、13, 21, 23, 31, 41, 43の6通り。

12回やって6回だから、その確率は $\frac{6}{12} = \frac{1}{2}$ です。

演習

①②③④⑤の5枚のカードから、カードを続けて2回取り出し、1回目に取り出した数を十の位、2回目に取り出した数を一の位とする2けたの整数を作ります。ただし、1回目に取り出したカードは戻さずに2回目のカードを取り出します。このとき5の倍数になる確率を求めてください。

答と解説

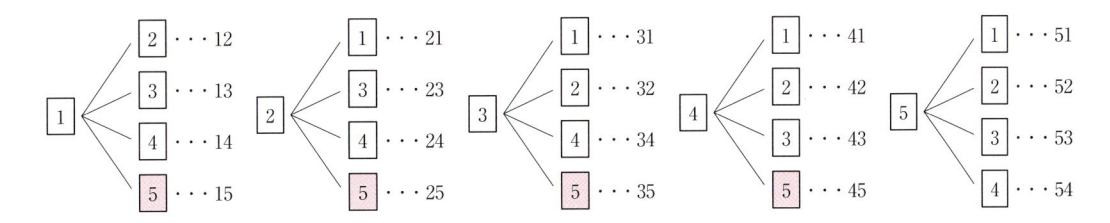

樹形図より、できる2けたの整数は、12, 13, 14, 15, 21, 23, 24, 25, 31, 32, 34, 35, 41, 42, 43, 45, 51, 52, 53, 54の20通りで、この中で5の倍数は、15, 25, 35, 45の4通りです。

20回やって4回だから、5の倍数になる確率は $\frac{4}{20} = \frac{1}{5}$ です。

仕上げテスト

① 3枚の硬貨A、B、Cを同時に投げるとき、3枚とも表が出る確率を、表をオ、裏をウ、として樹形図を書いて求めてください。

　　　　　　　　A　　　　B　　　　C

② 2つのサイコロA、Bを同時に投げるとき、同じ目が出る確率を樹形図を書いて求めてください。

　　　　　　　　A　　　　B

答と解説

①

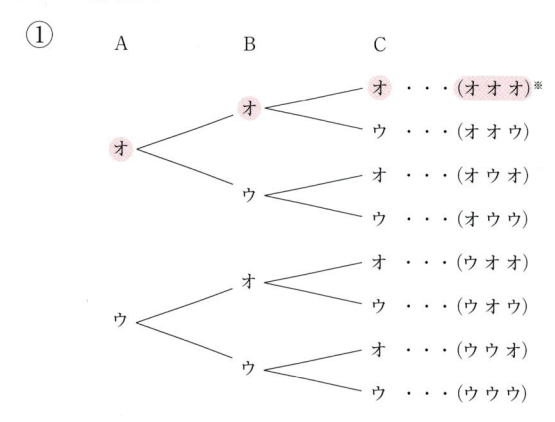

```
   A      B      C
          オ ─── オ・・・(オオオ)*
   オ ──┤       ウ・・・(オオウ)
          ウ ─── オ・・・(オウオ)
                 ウ・・・(オウウ)
          オ ─── オ・・・(ウオオ)
   ウ ──┤       ウ・・・(ウオウ)
          ウ ─── オ・・・(ウウオ)
                 ウ・・・(ウウウ)
```

樹形図より、表と裏の出方は全部で（オオオ）（オオウ）（オウオ）（オウウ）（ウオオ）（ウオウ）（ウウオ）（ウウウ）の8通り。この中で3枚とも表になるのは（オオオ）*の1通りです。8回やって1回だから、3枚とも表になる確率は$\frac{1}{8}$です。

答 $\frac{1}{8}$

② 樹形図より、目の出方は全部で36通り。この中で同じ目になるのは（1, 1）（2, 2）（3, 3）（4, 4）（5, 5）（6, 6）の6通りです。36回やって6回だから、同じ目が出る確率は$\frac{6}{36}=\frac{1}{6}$です。

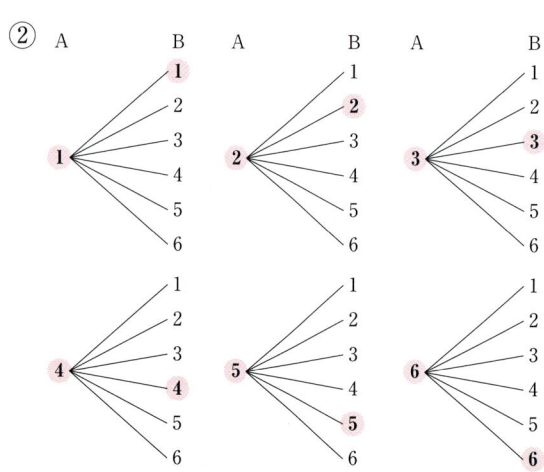

答 $\frac{1}{6}$

PART 9　1次関数

1　1次関数とは？

> **ここがコツ**　1次関数は $y = ax + b\ (a \neq 0)$
> a：傾き　b：切片

$y = 2x$　　$y = 5x - 9$　　$y = -4x + 7$……等が、1次関数の具体例です。そこで、これらをまとめて、1次関数は、$y = ax + b\ (a \neq 0)$ と表します。a を傾き、b を**切片**といいます。$y = 2x - 6$ では、傾き2、**切片** -6。$y = -4x$ では、傾き -4、**切片** 0 です。

演習　（　）をうめてください。

① $y = -3x + 7$ では、（　　　）-3、切片（　　　）
② $y = 12x - 3$ では、傾き（　　　）、切片（　　　）

答と解説

① $y = -3x + 7$ では、（ 傾き ）-3、切片（　7　）……**答**
② $y = 12x - 3$ では、傾き（　12　）、切片（　-3　）……**答**

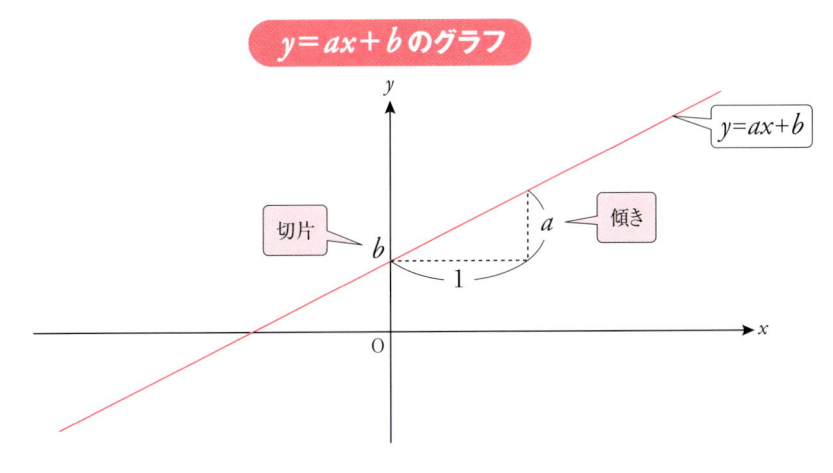

$y = ax + b$ のグラフ

$y = ax + b$ のグラフは上図のようになりますが、ここでは深く考えないでください。91ページから、$y = 2x + 2$、$y = -3x + 1$ などの具体的な1次関数のグラフを書く練習をします。そのあとで、もう一度このグラフを眺めれば簡単に理解できます。

2 グラフを書く

> **ここがコツ** $x = 2$ で $y = 4$ → 2丁目4番地 → （2，4）

　グラフを書くための点（座標）は、何丁目何番地の感覚で簡単にとれます。たとえば、右図のA点は中央のO点から右に2つ移動で2丁目、そこから上に4つ移動で4番地、つまり2丁目4番地です。A点は $x = 2$ のとき、$y = 4$ という関係を表す点で、（2，4）のように表します。このような表し方を座標といいます。

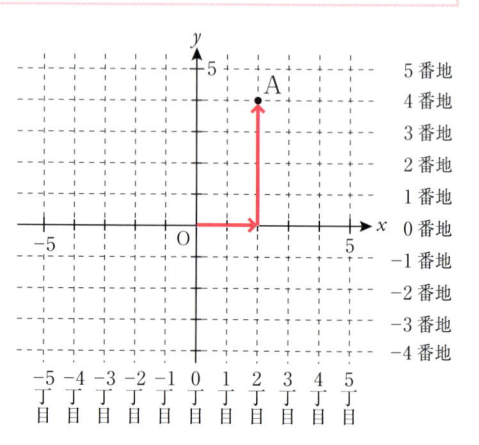

演習　（　　）をうめてください。

A点の座標は中央のO点から右に4（$x =$ 　）、そこから下に1（$y =$ 　）だから（　，　）。

B点の座標は（　　　　）

C点の座標は（　　　　）

D点の座標は（　　　　）

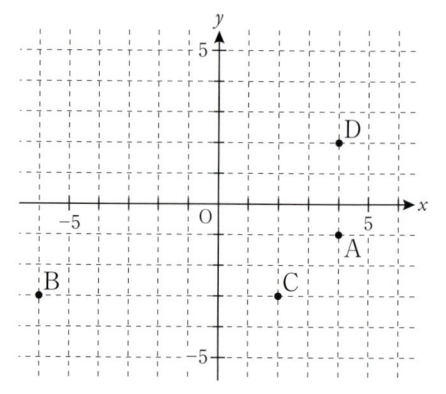

答と解説

A点の座標は中央のO点から右に4（$x = 4$）、そこから下に1（$y = -1$）だから、（4，-1）……**答**

B点の座標は中央のO点から左に6（$x = -6$）、下に3（$y = -3$）だから、（-6，-3）……**答**

C点の座標は（2，-3）……**答**

D点の座標は（4，2）……**答**

ここがコツ グラフは点(座標)を結んで書く

グラフは点(座標)を結んで書きます。例として $y = 2x + 2$ のグラフを書いてみましょう。

$x = -2$ のとき、$y = 2 \times (-2) + 2 = -2$。
グラフはA点 $(-2, -2)$ を通ります。
$x = 0$ のとき、$y = 2 \times (0) + 2 = 2$。
グラフはB点 $(0, 2)$ を通ります。
$x = 1$ のとき、$y = 2 \times (1) + 2 = 4$。
グラフはC点 $(1, 4)$ を通ります。
A点、B点、C点を結ぶと $y = 2x + 2$ のグラフが書けます。

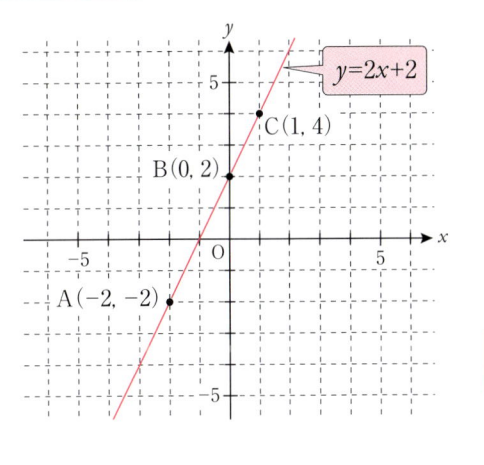

演習 ( )をうめて、$y = -3x + 1$ のグラフを書いてください。

$x = -1$ のとき、$y = -3 \times ($ $) + 1 = ($ $)$
A点 (,) を通る。
$x = 0$ のとき、$y = -3 \times ($ $) + 1 = ($ $)$
B点 (,) を通る。
$x = 1$ のとき、$y = -3 \times ($ $) + 1 = ($ $)$
C点 (,) を通る。
A点、B点、C点を結ぶ。

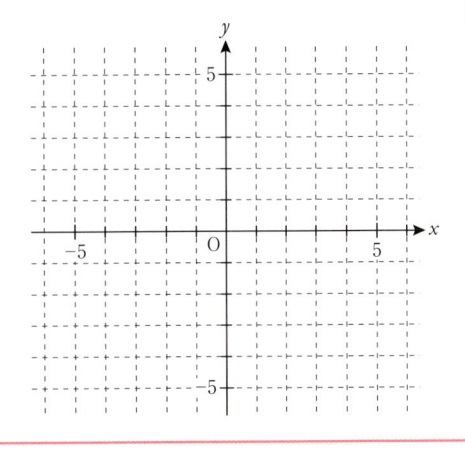

答と解説

$x = -1$ のとき、$y = -3 \times (-1) + 1 = (4)$
A点 $(-1, 4)$ を通る。
$x = 0$ のとき、$y = -3 \times (0) + 1 = (1)$
B点 $(0, 1)$ を通る。
$x = 1$ のとき、$y = -3 \times (1) + 1 = (-2)$
C点 $(1, -2)$ を通る。
A点、B点、C点を結ぶ。

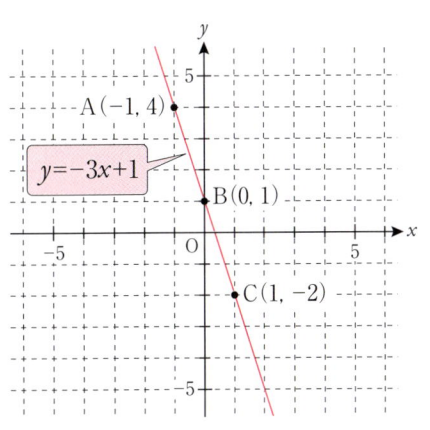

3　1次関数の式を求める

ここがコツ　(2，3)が $y = ax + b$ 上の点
→ $3 = a \times 2 + b$

下図のようにA点(**−2**, 1)が $y = 2x + 5$ 上の点であるのは、
$1 = 2 \times (\mathbf{-2}) + 5$ だからです。

(−2, 1)
$y = 2x + 5$

B点(**−1**, −3)が $y = -2x - 5$ 上の点であるのは、
$-3 = -2 \times (\mathbf{-1}) - 5$ だからです。

(−1, −3)
$y = -2x - 5$

このような性質を「**グラフ上の点はグラフの式をみたす**」といいます。

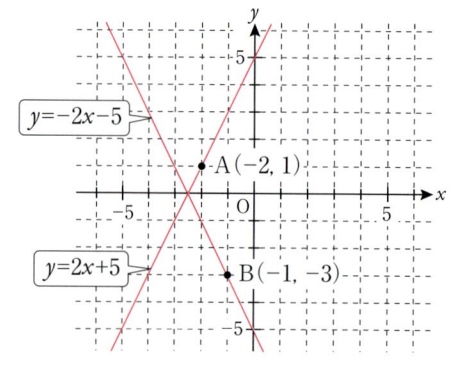

「グラフ上の点はグラフの式をみたす」を使って、1次関数 $y = ax + b$ の a（傾き）や b（切片）を求めることができます。以下、例と演習で慣れましょう。

例　切片が−4で(−1, −7)を通る1次関数を求めてください。

1次関数だから $y = ax + b$。切片が−4だから、$b = (-4)$ …①
(−1, −7)を通るから、$-7 = a \times (-1) + b$ …②
①を②に代入して

$-7 = -a + (-4)$
　$a = 7 - 4$
　$\mathbf{a = 3}$

グラフ上の点はグラフの式をみたす。

$b = -4$
$-7 = -a + b$ …②

求める1次関数は、$\mathbf{y = 3x - 4}$

演習 傾きが-3で(-2, 11)を通る1次関数を求めてください。

1次関数だから（　　　　　　）
傾きが-3だから $a =$（　　　）…①
(-2, 11)を通るから、（　　　　　　　）…②
①を②に代入して（　　　　　　　）以下解いてください。

求める1次関数は、$y =$（　　　　　　）

答と解説

1次関数だから（$y = ax + b$）
傾きが-3だから $a =$（-3）…①
(-2, 11)を通るから、($11 = a \times (-2) + b$）…②

> グラフ上の点はグラフの式をみたす

①を②に代入して
$11 = (-3) \times (-2) + b$
$11 = 6 + b$
$-b = 6 - 11 = -5$　　$b = 5$

> $a = -3$
> $11 = a \times (-2) + b$ …②

求める1次関数は、$y =$（$-3x + 5$）……答

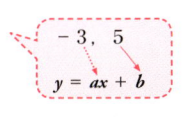

> -3, 5
> $y = ax + b$

演習 2点(2, -5)(-1, 4)を通る1次関数を求めてください。

1次関数だから $y =$（　　　　　　）。
(2, -5)を通るから、（　　　　　　　）…①
(-1, 4)を通るから、（　　　　　　　）…②
以下解いてください。

$y =$（　　　　　　）

答と解説

1次関数だから $y = ax + b$。

（2，−5）を通るから、$-5 = a \times 2 + b$ …①

（−1，4）を通るから、$4 = a \times (-1) + b$ …②

$-2a - b = 5$ …①を移項して

−) $(a - b) = -4$ …②を移項して

$\overline{-3a= 9}$

$a = 9 \times \left(-\dfrac{1}{3}\right) = -3$　これを①に代入します。

$-5 = (-3) \times 2 + b$

$-5 = -6 + b$

$-b = -6 + 5$　　$-b = -1$　　$\boldsymbol{b = 1}$

答　$y = -3x + 1$

演習　**下の1次関数のグラフの式を求めてください。**

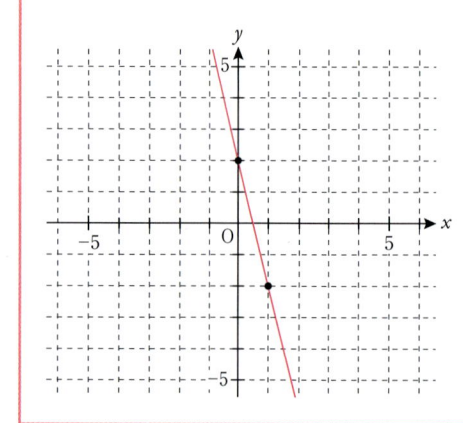

1次関数だから（　　　　　　）

（　，　）を通るから

（　　　　　　）

（　，　）を通るから

（　　　　　　）以下解いてください。

$y = ($　　　　　$)$

答と解説

1次関数だから $y = ax + b$

（0，2）を通るから、

$2 = a \times 0 + b$ …①

（1，−2）を通るから、

$-2 = a \times 1 + b$ …②

①より、$2 = b$　$\boldsymbol{b = 2}$　これを②に代入して、

$-2 = a + 2$　　$-a = 2 + 2$　　$-a = 4$　　$a = 4 \times (-1)$　　$\boldsymbol{a = -4}$

答　$y = -4x + 2$

4 グラフの交点を求める

ここがコツ グラフの交点は連立方程式の解

$y = -x + 5$ と $y = 2x + 2$ のグラフの交点は、連立方程式、

$y = -x + 5 \cdots ①$、 $y = 2x + 2 \cdots ②$ の解です。実際に解いて検討します。

$y = -x + 5 \cdots ①$ を、$y = 2x + 2 \cdots ②$ に代入します。

$-x + 5 = 2x + 2$

$-x - 2x = 2 - 5$

$-3x = -3 \quad x = -3 \times (-\frac{1}{3}) = 1$

これを①に代入します。

$y = -(1) + 5 = 4$

連立方程式の解は、$x = 1$、$y = 4$ です。

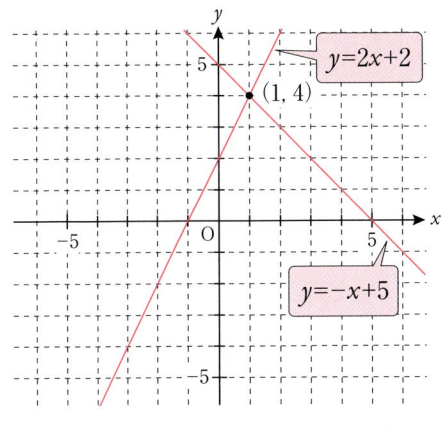

実際にグラフを書いてみます。

確かに $y = -x + 5$ と、

$y = 2x + 2$ のグラフの交点は、

連立方程式 $y = -x + 5 \cdots ①$

$y = 2x + 2 \cdots ②$

の解 $(1, 4)$ 〈$x = 1, y = 4$〉

になっています。

$x = 1, y = 4$ は連立方程式の解だから、

$y = -x + 5$ をみたします。$(1, 4)$ は $y = -x + 5$ 上の点です。

また、$y = 2x + 2$ をみたします。$(1, 4)$ は $y = 2x + 2$ 上の点です。

つまり $(1, 4)$ は、$y = -x + 5$ 上の点で、$y = 2x + 2$ 上の点だから交点です。

演習

切片が12で（1，15）を通る直線mと直線n、y＝－4x－2のグラフの交点の座標を求めてください。

直線mの式を求めます。1次関数だから（　　　　　）…①
切片が12だから（　　　　）…②　（1，15）を通るから（　　　　）…③
②を③に代入（　　　　）以下解いてください。
よって、直線mの式は、y＝（　　　　）…④　直線nの式は、y＝（　　　　）…⑤
グラフの交点は（　　　　）です。④⑤を解いて、
x＝（　　）　　y＝（　　）　　交点の座標は（　　　　）

答と解説

直線mの式を求めます。1次関数だから（y＝ax＋b）…①
切片が12だから（**b＝12**）…②
（1，15）を通るから（15＝a×1＋b）…③　←グラフ上の点はグラフの式をみたす。
②を③に代入（15＝a＋12）
－a＝12－15　　　－a＝－3　　**a＝3**

よって、直線mの式は、y＝（**3x＋12**）…④　直線nの式は、y＝（－4x－2）…⑤
グラフの交点は（連立方程式の解）です。

④を⑤に代入します。　　$3x+12=-4x-2$
$$3x+4x=-2-12=-14$$
$$7x=-14 \quad x=-14\times\left(\frac{1}{7}\right)$$
$$\boldsymbol{x=(-2)}$$

これを④に代入します。$y=3\times(-2)+12=-6+12$　　**y＝（6）**

交点の座標は（－2，6）……答

演習

A点（1，10）とB点（3，4）を通る直線mと傾きが2でC点（－1，1）を通る直線nが点Pで交わります。
このとき(1)直線mの式、(2)直線nの式、(3)点Pの座標を求めてください。

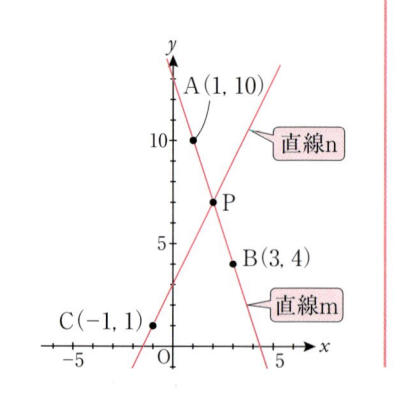

(1) 1次関数だから、$y = ($　　　　　　　　$)$ …①
　　A点（1，10）を通るから　$($　　　　　　　　$)$ …②
　　B点（3，4）を通るから　$($　　　　　　　　$)$ …③
　　②③を解いて $a = ($　　$)$　$b = ($　　$)$　直線mの式は $y = ($　　　　　　$)$

(2) 1次関数だから、$y = ($　　　　　　　　$)$ …①
　　傾き2より $($　　　　$)$ …②　　C点（−1，1）を通るから、
　　$($　　　　　　　　$)$ …③
　　②を③に代入 $($　　　　　　　　$)$ 以下解いてください。
　　直線nの式は　$y = ($　　　　　$)$

(3) 直線mの式 $y = ($　　　　　　　　$)$ …①
　　直線nの式 $y = ($　　　　　　　　$)$ …②
　　①を②に代入して、$($　　　　$) = ($　　　　　$)$ これを解いて $x = ($　　　$)$
　　これを①に代入して解くと $y = ($　　　　$)$　　点P $($　　, 　　$)$

答と解説

(1) 1次関数だから、$y = (ax + b)$ …①
　　A点（1，10）を通るから $(10 = a \times 1 + b)$ …②
　　B点（3，4）を通るから $(4 = a \times 3 + b)$ …③
　　②③を解いて $a = (-3)$　$b = (13)$　直線mの式は $y = (-3x + 13)$ ……**答**

(2) 1次関数だから、$y = (ax + b)$ …①
　　傾き2より $(\boldsymbol{a = 2})$ …②　　C点（−1，1）を通るから、
　　$(1 = a \times (-1) + b)$ …③
　　②を③に代入 $(1 = 2 \times (-1) + b)$　　$-b = -2 - 1$　　$-b = -3$　　$\boldsymbol{b = 3}$
　　直線nの式は　$y = (2x + 3)$ ……**答**

(3) 直線mの式 $y = (-3x + 13)$ …①　　直線nの式 $y = (2x + 3)$ …②
　　①を②に代入して、$(-3x + 13) = (2x + 3)$　　$-3x - 2x = 3 - 13$
　　$-5x = -10$　　$x = -10 \times (-\frac{1}{5})$　　$\boldsymbol{x = (2)}$
　　これを①に代入して解くと $y = (-3 \times (2) + 13)$　　$y = -6 + 13$　　$\boldsymbol{y = 7}$
　　点P（2，7）……**答**

PART 10　関数 $y = ax^2$

1　グラフを書く

先に、1次関数（89ページ）を学びましたが、つぎに関数 $y = ax^2$ を取り上げます。

> **ここがコツ**　y は x の2乗に比例 → $y = ax^2$ $(a \neq 0)$

y が x の2乗に比例する関数の具体例は、$y = 3x^2$　$y = -4x^2$　$y = x^2$　$y = -x^2$　$y = 5x^2$……。

そこで、まとめて $y = ax^2$ $(a \neq 0)$ と表します。

> **ここがコツ**　グラフは点を結んで書く

関数 $y = ax^2$ も、1次関数のときと同じやり方です。

例として $y = 3x^2$ のグラフを書いてみます。

$x = -2$ のとき、$y = 3 \times (-2)^2 = 12$
A点（-2, 12）を通る。
$x = -1$ のとき、$y = 3 \times (-1)^2 = 3$
B点（-1, 3）を通る。
$x = 0$ のとき、$y = 3 \times (0)^2 = 0$
C点（0, 0）を通る。
$x = 1$ のとき、$y = 3 \times (1)^2 = 3$
D点（1, 3）を通る。
$x = 2$ のとき、$y = 3 \times (2)^2 = 12$
E点（2, 12）を通る。
A点、B点、C点、D点、E点を結ぶと $y = 3x^2$ のグラフが書けます。

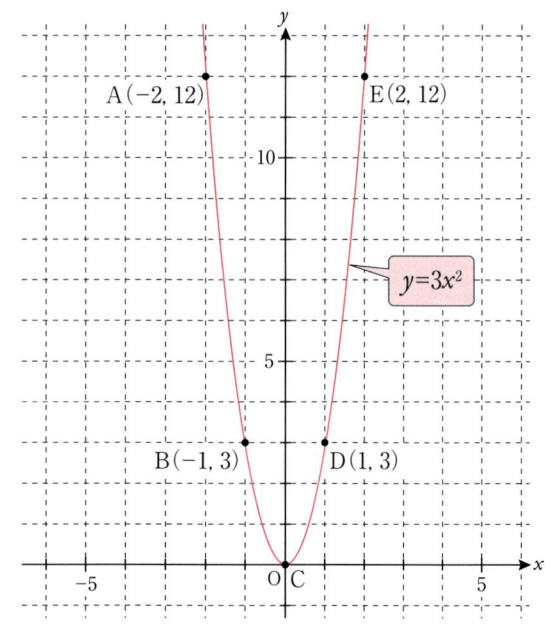

演習　(　)をうめて $y=-\frac{1}{2}x^2$ のグラフを書いてください。

① $x=-4$ のとき、$y=-\frac{1}{2}×(\ \ )^2=(\ \ )$　　A点（　，　）を通ります。
② $x=-2$ のとき、$y=-\frac{1}{2}×(\ \ )^2=(\ \ )$　　B点（　，　）を通ります。
③ $x=0$ のとき、$y=-\frac{1}{2}×(\ \ )^2=(\ \ )$　　C点（　，　）を通ります。
④ $x=2$ のとき、$y=-\frac{1}{2}×(\ \ )^2=(\ \ )$　　D点（　，　）を通ります。
⑤ $x=4$ のとき、$y=-\frac{1}{2}×(\ \ )^2=(\ \ )$　　E点（　，　）を通ります。

A点、B点、C点、D点、E点を結んで、$y=-\frac{1}{2}x^2$ のグラフを書きます。

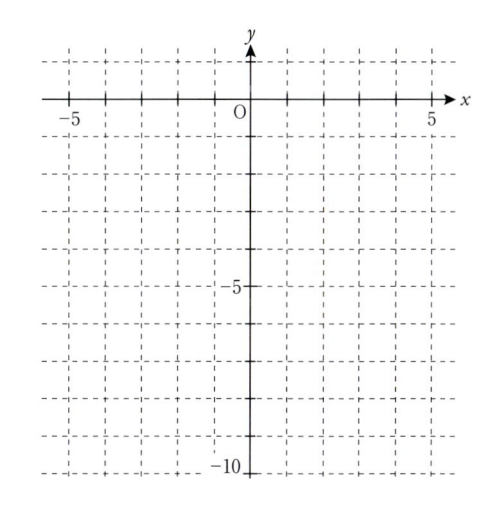

答と解説

① $x=-4$ のとき、$y=-\frac{1}{2}×(-4)^2=(-8)$
　A点（-4，-8）を通ります。

② $x=-2$ のとき、$y=-\frac{1}{2}×(-2)^2=(-2)$
　B点（-2，-2）を通ります。

③ $x=0$ のとき、$y=-\frac{1}{2}×(0)^2=(0)$
　C点（0，0）を通ります。

④ $x=2$ のとき、$y=-\frac{1}{2}×(2)^2=(-2)$
　D点（2，-2）を通ります。

⑤ $x=4$ のとき、$y=-\frac{1}{2}×(4)^2=(-8)$
　E点（4，-8）を通ります。

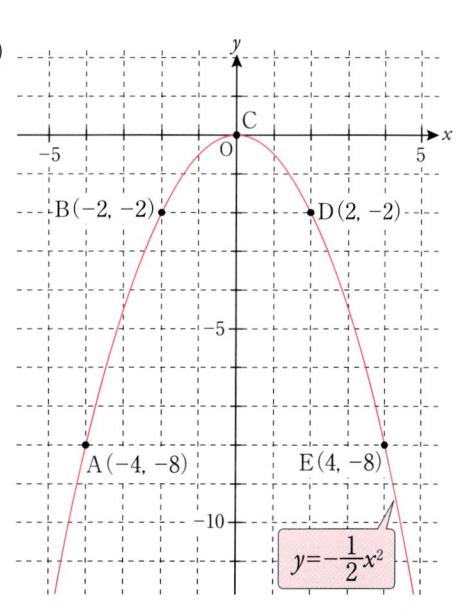

PART 10　関数 $y=ax^2$

ここがコツ $y=ax^2$ のグラフは $a>0$ だと上開放物線 $a<0$ だと下開放物線

$y=x^2$ $y=2x^2$ $y=3x^2$ …のような、$y=ax^2$ （$a>0$）のグラフは、下図のように原点（0, 0）を通り、上に開いた（上開）放物線になります。

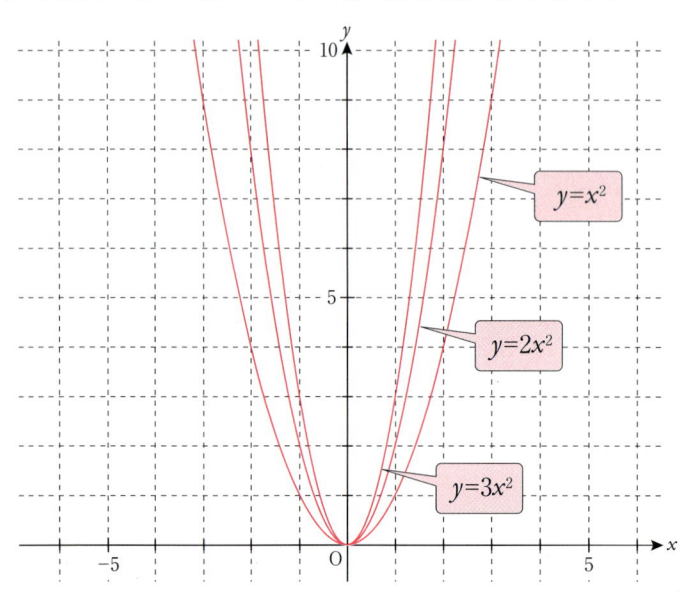

$y=-x^2$ $y=-2x^2$ $y=-3x^2$ …のような、$y=ax^2$ （$a<0$）のグラフは、下図のように原点（0, 0）を通り、下に開いた（下開）放物線になります。

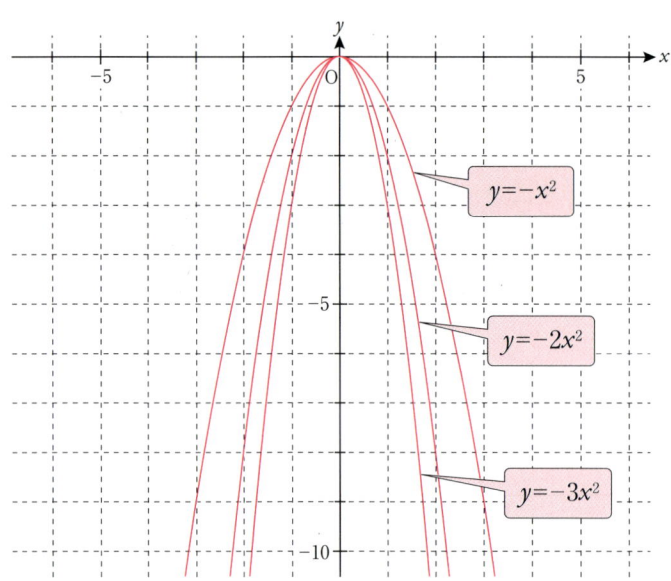

2 $y = ax^2$ の a を求める

> **ここが コツ**　$(2, 4)$ が $y = ax^2$ 上の点
> → $4 = a \times (2)^2$

$(2, 3)$ が1次関数 $y = ax + b$ 上にあるとき、$3 = a \times 2 + b$ としました。

このグラフ上の点はグラフの式をみたすを使って、$y = ax + b$ の a や b を求めました。関数 $y = ax^2$ も同様です。$y = ax^2$ が $(2, 4)$ を通るとき、$4 = a \times (2)^2$ とします。

例　y は x の2乗に比例し $(3, 27)$ を通ります。y を x の式で表してください。

y が x の2乗に比例するから $y = ax^2$ …①
$(3, 27)$ を通るから、$27 = a \times (3)^2$

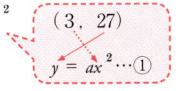

$27 = 9a$　　$-9a = -27$　　$a = -27 \times (-\dfrac{1}{9})$
$a = 3$ これを①に代入して $y = 3x^2$

演習

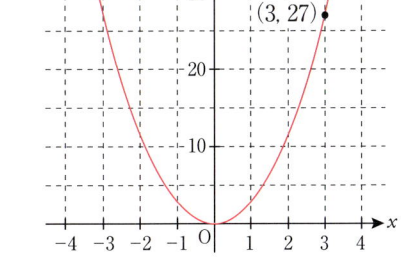

y は x の2乗に比例し $(-8, 16)$ を通ります。このとき y を x の式で表してください。また、$x = 4$ のときの y の値を求めてください。
$y = (\quad)$　$x = 4$ のとき $y = (\quad)$

答と解説

y は x の2乗に比例するから、$y = ax^2$ …①
$(-8, 16)$ を通るから、$16 = a \times (-8)^2$　　グラフ上の点はグラフの式をみたす。
$16 = 64a$　　$-64a = -16$　　$a = -16 \times (-\dfrac{1}{64})$　　$a = \dfrac{1}{4}$
これを①に代入します。　$y = \dfrac{1}{4}x^2$　この式に $x = 4$ を代入して、
$y = \dfrac{1}{4} \times (4)^2 = 4$

答　$y = (\dfrac{1}{4}x^2)$　$x = 4$ のとき $y = (4)$

演習

$y = ax^2$ のグラフと $y = x + 2$ のグラフが2点A，Bで交わっています。
交点Bの x 座標が2のとき a の値を求めてください。

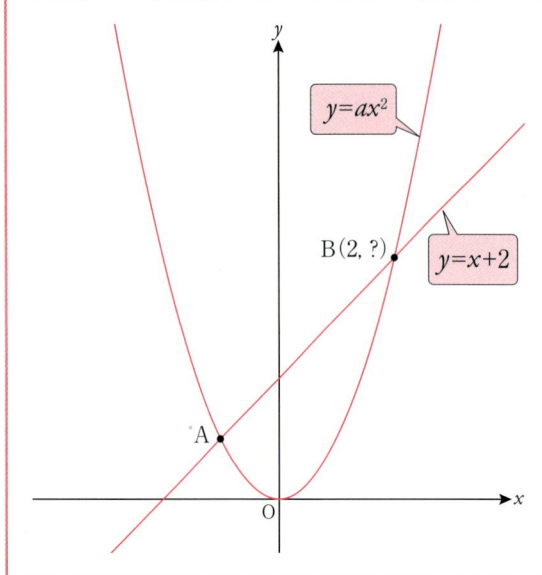

ヒント
さしあたり、わかるところからやるのが鉄則！　B点の座標を出してみましょう。

答と解説

$y = x + 2$ に $x = 2$ を代入して、$y = 2 + 2 = 4$

B点の座標は（2，4）です。これが $y = ax^2$ 上の点だから、

$\quad 4 = a \times (2)^2$ ←グラフ上の点はグラフの式をみたす。

$\quad 4 = 4a$

$-4a = -4$

$\quad a = -4 \times (-\dfrac{1}{4})$

$\quad a = 1$ 　……答

3 グラフの交点を求める

> **ここがコツ** グラフの交点は連立方程式の解

1次関数 $y = -x + 5$ と、$y = 2x + 2$ のグラフの交点は、連立方程式 $y = -x + 5 \cdots ①$　$y = 2x + 2 \cdots ②$ の解でした。

$y = x^2$ と、$y = x + 6$ の交点も同様です。

連立方程式 $y = x^2 \cdots ①$　$y = x + 6 \cdots ②$ の解です。

①を②に代入します。

$x^2 = x + 6$

$x^2 - x - 6 = 0$

足して -1　掛けて -6 → 2 と -3

$(x + 2)(x - 3) = 0$

$x + 2 = 0$　$x - 3 = 0$

$x = -2$　$x = 3$

①に代入

$y = (-2)^2 = 4$　$y = (3)^2 = 9$

$(-2, 4)$　　　$(3, 9)$

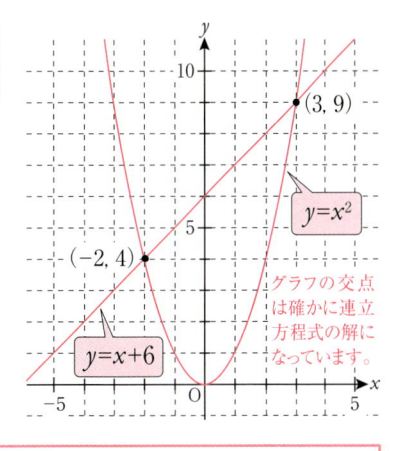

- $y = x^2$
- $y = x + 6 \cdots ②$
- 2次方程式だから、移項して $ax^2 + bx + c = 0$ の形にします。
- グラフの交点は確かに連立方程式の解になっています。

演習

$y = ax^2 \cdots ①$ のグラフと $y = x + b \cdots ②$ のグラフが、2点A，Bで交わっています。A点の座標が $(-3, 9)$ のとき、①のグラフの式と②のグラフの式とB点の座標を求めてください。

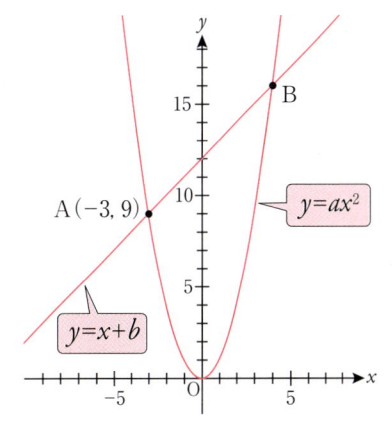

PART 10　関数 $y = ax^2$

答と解説

①の式を求めます。

(−3，9) が $y = ax^2$ …① 上の点だから、
　　　　　　　グラフ上の点はグラフの式をみたす。

$9 = a \times (-3)^2$　　$9 = 9a$　　$-9a = -9$　　$a = (-9) \times (-\frac{1}{9})$　　$a = 1$

これを、①に代入して　$y = x^2$ …①´

②の式を求めます。

(−3，9) が $y = x + b$ …② 上の点だから、
　　　　　　　グラフ上の点はグラフの式をみたす。

$9 = (-3) + b$　　$-b = -3 - 9$　　$-b = -12$　　$b = 12$

これを、②に代入して　$y = x + 12$ …②´

交点Bの座標を求めます。

交点Bは連立方程式

$y = x^2$ …①´　　$y = x + 12$ …②´　の解です。

①´ を②´ に代入して、

$x^2 = x + 12$　　$x^2 - x - 12 = 0$

足して−1　掛けて−12　→　−4と+3

$(x - 4)(x + 3) = 0$

$x - 4 = 0$　　$x + 3 = 0$

$x = 4$　　　　$x = -3$（A点の x 座標）

これを①´ に代入

$y = (4)^2$

$y = 16$

答　B点（4，16）

4 変化の割合

> **ここがコツ**　2点の座標で機械的に計算

「$y = x^2$でxの値が3から6まで増加するときの変化の割合を求めてください」

というような問題が出されることがあります。ここは実は案外苦手な人が多いところですが、2点の座標で機械的に計算する、というやり方に慣れてください。

では、例として、$y = x^2$でxの値が3から6まで増加するときの変化の割合を計算してみましょう。

$y = x^2$で、$x = 3$のとき、$y = (3)^2 = 9$　　$x = 6$のとき、$y = (6)^2 = 36$

そこで、2点の座標は（3，9）（6，36）です。

この2点の座標で以下のように機械的に計算します。

$$\frac{36 - 9}{6 - 3} = \frac{27}{3} = 9 \quad \cdots\cdots 答$$

（6，36）（3，9）

この計算はつぎのようにやっても結構です。

$$\frac{9 - 36}{3 - 6} = \frac{-27}{-3} = 9 \quad \cdots\cdots 答$$

（3，9）（6，36）

> 分母は、x座標 − x座標。
> 分子は、x座標に対応するように、
> y座標 − y座標です。
> この対応に注意して、機械的に計算します。

※実は変化の割合は、計算に用いた2点を通る直線の傾きになっています。

2点（3，9）（6，36）を通る直線の式は1次関数だから、

$y = ax + b$とおいて、これが（3，9）を通るから、$9 = 3a + b$…①

（6，36）を通るから$36 = 6a + b$…②

以下、計算は省略しますが、$a = 9$　$b = -18$　が求まります。

2点（3，9）（6，36）を通る直線の式は、

$y = 9x - 18$です。

つまり$y = x^2$でxの値が3から6まで増加するときの変化の割合は、（3，9）（6，36）を用いて機械的に計算しますが、（3，9）（6，36）を通る直線の傾き。上の例だと変化の割合は、9になります。

> **演　習**
>
> $y=-2x^2$でxの値が2から4まで増加するときの変化の割合を求めてください。

答と解説

$x=2$のとき、$y=-2\times(2)^2=-8$

$x=4$のとき、$y=-2\times(4)^2=-32$

2点の座標は（2，-8）（4，-32）です。

変化の割合は、以下のように計算します。

$\dfrac{-32-(-8)}{4-2}=\dfrac{-32+8}{2}=\dfrac{-24}{2}=-12$ ……**答**

> **演　習**
>
> $y=ax^2$においてxの値が1から3まで増加するときの変化の割合は12です。
> このときaの値はいくらですか。

答と解説

変化の割合とくれば2点の座標で勝負です。

$x=1$のとき、$y=a\times(1)^2=a$　　$x=3$のとき、$y=a\times(3)^2=9a$

2点の座標は（1，a）（3，9a）です。

変化の割合は、

$\dfrac{9a-a}{3-1}$　　これが12だから、

$\dfrac{9a-a}{3-1}=12$

$\dfrac{8a}{2}=12$

$4a=12$

$a=3$　……**答**

PART 11　図形

1　合同の証明

> **ここがコツ**　等しい辺、等しい角には同じ印

AB＝CDなら、下のように図示します。

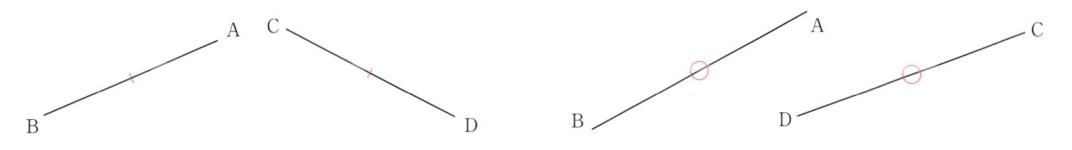

演習A　AB＝CDを図示してください。

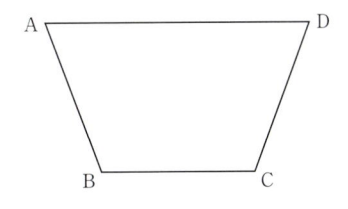

∠ABC＝∠DEFなら、下のように図示します。

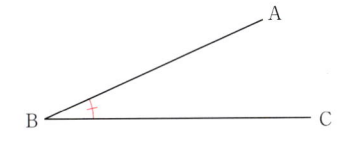

印は等しいとわかれば、なんでも結構です。

演習B　∠ACB＝∠DFEを図示してください。

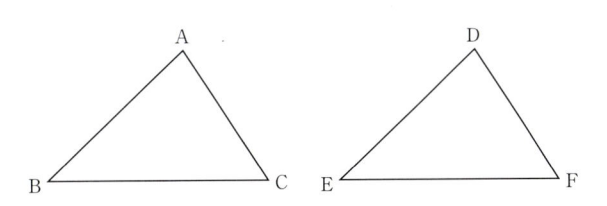

演習A、Bの答

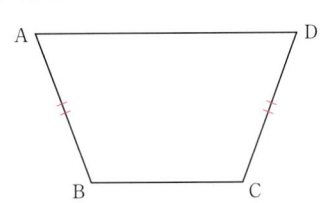

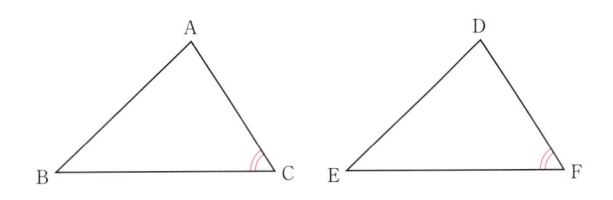

ここがコツ 共通な辺・共通な角・対頂角は等しい

　合同の証明をするとき、辺の共通と角の共通と対頂角を見落としがちです。ここできちんと確認しましょう。

　辺の共通からみてみましょう。下図で、ＢＣは△ＡＢＣと△ＤＢＣが共有する辺だから当然等しくなります。

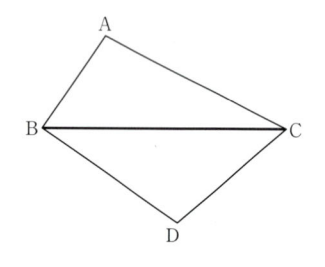

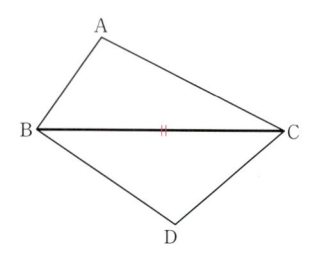

　共有していることを**共通**といい、証明では、
ＢＣは共通のように表します。図示は右上図のようにします。

　続いて、角の共通をみてみましょう。

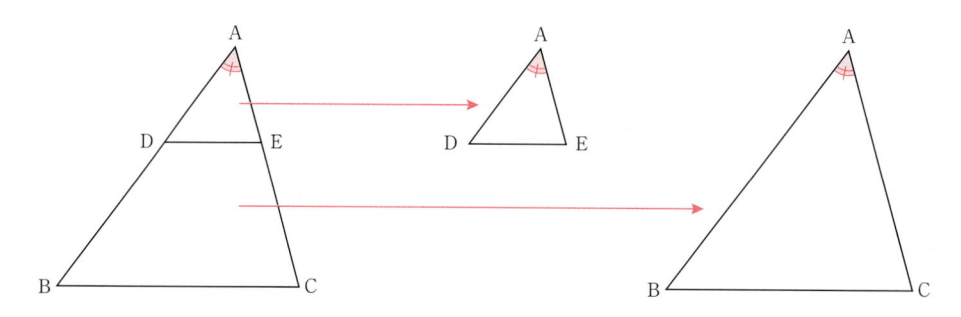

　上図で∠ＤＡＥ（＝∠ＢＡＣ）は△ＡＤＥと△ＡＢＣが共有する角（共通）だから、等しくなります。証明するときは、**∠Ａは共通**のように表します。

対頂角とは下図の、∠ａと∠ｂ、∠ｃと∠ｄのように向かい合う角です。
対頂角は等しくなります。∠ａ＝∠ｂ、∠ｃ＝∠ｄです。

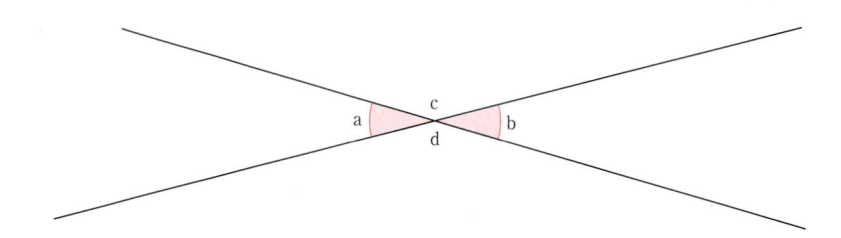

ここがコツ　合同＝形も大きさも同じ

スタンプを押すと、みんな同じ形と大きさ（合同）になります。

ここがコツ　三角形の合同条件
3辺がそれぞれ等しい
2辺とその間の角がそれぞれ等しい
1辺とその両端の角がそれぞれ等しい

1つずつ、みていきましょう。

3辺がそれぞれ等しい

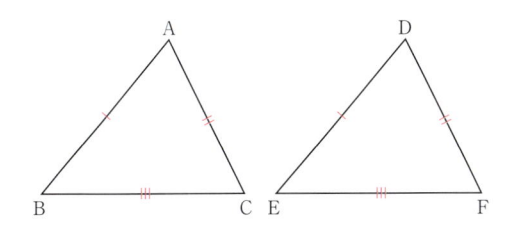

△ＡＢＣと△ＤＥＦは、
ＡＢ＝ＤＥ　ＡＣ＝ＤＦ　ＢＣ＝ＥＦ
このように、**3辺がそれぞれ等しい**とき、2つの三角形は合同です。合同は≡で表します。△ＡＢＣ≡△ＤＥＦです。

2辺とその間の角がそれぞれ等しい

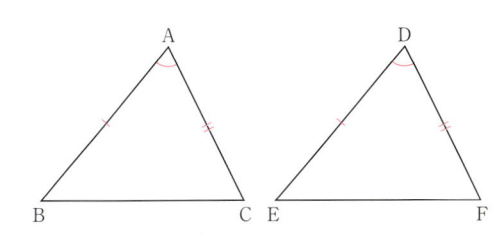

△ＡＢＣと△ＤＥＦは、
ＡＢ＝ＤＥ　ＡＣ＝ＤＦ　∠ＢＡＣ＝∠ＥＤＦ
このように、**2辺とその間の角がそれぞれ等しい**とき、2つの三角形は合同です。△ＡＢＣ≡△ＤＥＦです。

1辺とその両端の角がそれぞれ等しい

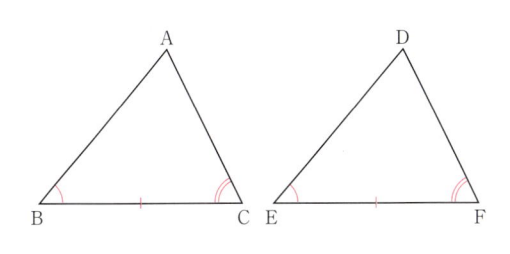

△ＡＢＣと△ＤＥＦは、
ＢＣ＝ＥＦ　∠ＡＢＣ＝∠ＤＥＦ
∠ＡＣＢ＝∠ＤＦＥ　このように、**1辺とその両端の角がそれぞれ等しい**とき、2つの三角形は合同です。△ＡＢＣ≡△ＤＥＦです。

PART 11　図形

> **ここがコツ** 仮定 → 対頂角・共通 → 証明を書く

合同の証明の流れは、

仮定を図に書き込む → 対頂角・共通があれば書き込む → 証明を書くです。

この流れどおりにやれば証明は簡単です。

例 (1)△ABCの辺BCの中点をMとします。AMを延長してその延長上にAMに等しくDMをとるとき（ならば）※注 △AMC≡△DMBとなることを証明してください。

(2)BD＝CAとなることを証明してください。

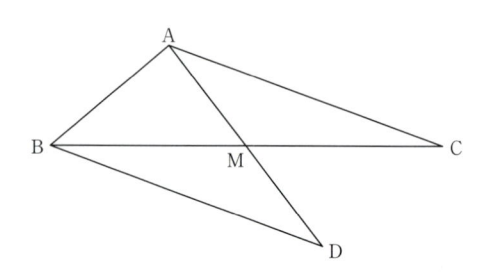

※注：問題によっては、「〜するとき」や「〜ならば」などと記されます。

さっそく流れにそってやってみましょう。

(1)**仮定を図に書き込む**

上の例だと、仮定は（ならば）の前に書いてあります。

「辺BCの中点をM」より、**BM＝CM**。

AMに等しくDMをとるより、**AM＝DM**を図に書き込みます。

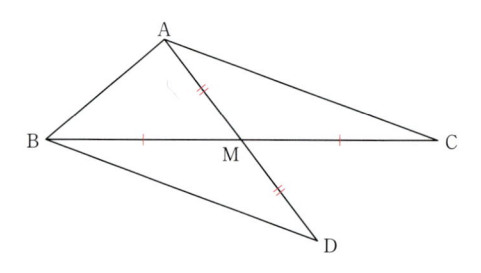

対頂角・共通があれば書き込む

ここでは∠AMC＝∠DMB（対頂角）があるので、これを書き込みます。

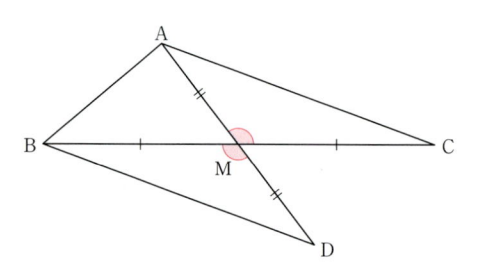

証明を書く（右上の図をみながら書きます）

（証明）△AMCと△DMBについて

BM＝CM（仮定）…①

AM＝DM（仮定）…②

∠AMC＝∠DMB（対頂角）…③

よって、①②③より、△AMC≡△DMB（2辺とその間の角がそれぞれ等しい）

(2) (1)より△AMC≡△DMB。よって、BD＝CA

※合同な図形では対応する辺や角は等しくなります。

演習

右図のように点Oを中心として適当な半径の円を書き、辺OAとの交点をC、辺OBとの交点をDとします。次に点Cと点Dを中心として等しい半径の円を書き、その交点の1つをPとします（ならば）。
このとき、
(1) △PCO≡△PDOを証明してください。
(2) ∠COP＝∠DOPを証明してください。

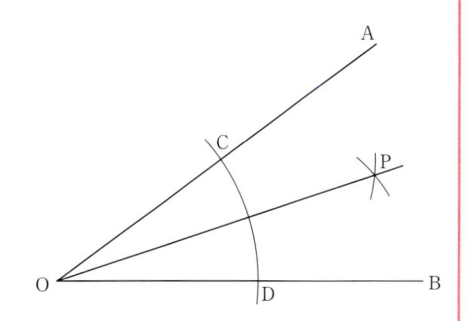

(1)

(2)

答と解説

(1) **仮定を図に書き込む**

仮定は（ならば）の前に書いてあります。
点Oを中心として適当な半径の円を書き、辺OAとの交点をC、辺OBとの交点をDとします。より、OC＝OD。
点Cと点Dを中心として等しい半径の円を書き、その交点の1つをPとします。より、CP＝DP。以上2つを図に書き込みます。

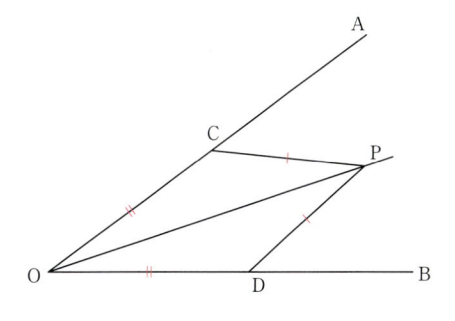

対頂角・共通があれば書き込む

ここでは、ＯＰは共通、があるので、これを書き込みます。

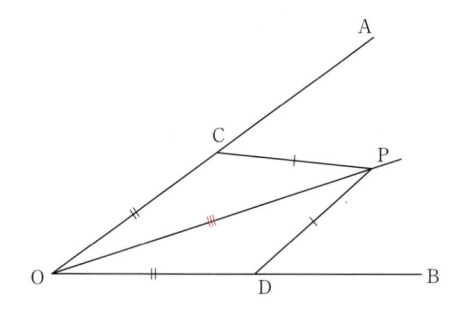

証明を書く（右上の図をみながら書きます）

（証明）△ＣＯＰと△ＤＯＰについて

ＯＣ＝ＯＤ（仮定）…①

ＣＰ＝ＤＰ（仮定）…②

ＯＰは共通…③

よって、①②③より、△ＣＯＰ≡△ＤＯＰ（3辺がそれぞれ等しい）

(2) (1)より、△ＣＯＰ≡△ＤＯＰ

よって、∠ＣＯＰ＝∠ＤＯＰ

2 相似の証明

ここがコツ 相似＝同じ形で大きさが違う

小さな人形と大きな人形では、デザイン（形）は同じですが、大きさが違います。これが相似です。

ここがコツ 三角形の相似条件

3組の辺の比が等しい
2組の辺の比が等しく、その間の角が等しい
2組の角がそれぞれ等しい

3組の辺の比が等しい

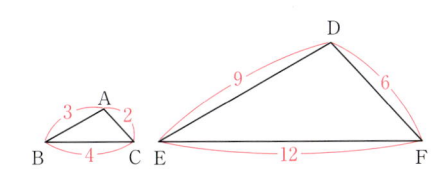

△ＡＢＣと△ＤＥＦは、
ＡＢ：ＤＥ＝ＡＣ：ＤＦ＝ＢＣ：ＥＦ＝１：３
このように **3組の辺の比が等しい** とき、2つの三角形は相似です。相似は∽で表します。
△ＡＢＣ∽△ＤＥＦです。

2組の辺の比が等しく、その間の角が等しい

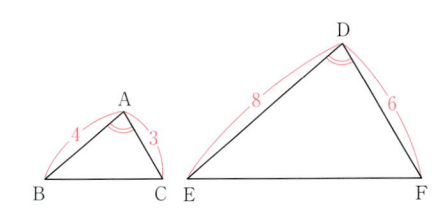

△ＡＢＣと△ＤＥＦは、
ＡＢ：ＤＥ＝ＡＣ：ＤＦ＝１：２
∠ＢＡＣ＝∠ＥＤＦ　このように、**2組の辺の比が等しく、その間の角が等しい** とき、2つの三角形は相似です。
△ＡＢＣ∽△ＤＥＦです。

2組の角がそれぞれ等しい

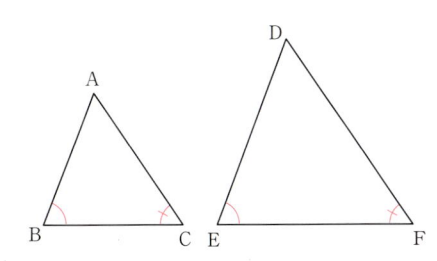

△ＡＢＣと△ＤＥＦは、
∠Ｂ＝∠Ｅ　∠Ｃ＝∠Ｆ
このように **2組の角がそれぞれ等しい** とき、2つの三角形は相似です。
△ＡＢＣ∽△ＤＥＦです。

ここがコツ　仮定 → 対頂角・共通 → 証明を書く

相似の証明の流れも、三角形の合同の証明の流れと同じように、
仮定を図に書き込む → 対頂角・共通があれば書き込む → 証明を書くです。

例　EC＝3AC　DC＝3BCのとき（ならば）△ABC∽△EDCを証明してください。

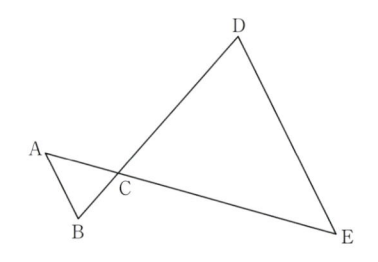

さっそく流れにそってやってみましょう。

仮定を図に書き込む

仮定は（ならば）の前に書いてあります。
EC＝3AC（EC：AC＝3：1）
DC＝3BC（DC：BC＝3：1）
を図に書き込みます。

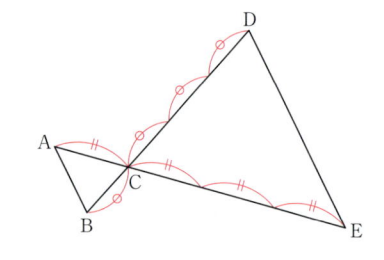

対頂角・共通があれば書き込む

ここでは∠ACB＝∠ECD（対頂角）があるので、これを書き込みます。

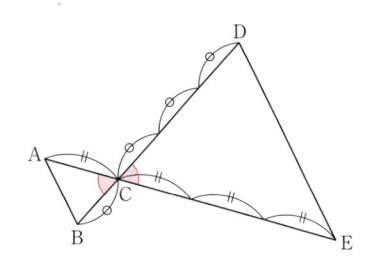

証明を書く（右上の図をみながら書きます）

（証明）△ABCと△EDCについて
AC：EC＝BC：DC＝1：3 …①
∠ACB＝∠ECD（対頂角）…②
よって、①②より、△ABC∽△EDC（2組の辺の比とその間の角が等しい）

ここがコツ 相似な図形 → 対応する辺の比は等しい

相似な図形は同じ形で大きさだけが違いますから、対応する辺の比（相似比）は等しくなります。

右の相似な三角形△ABCと△DEFでは、AB：DE＝1：3　AC：DF＝1：3　BC：EF＝1：3と対応する辺の比（相似比）は等しくなっています。

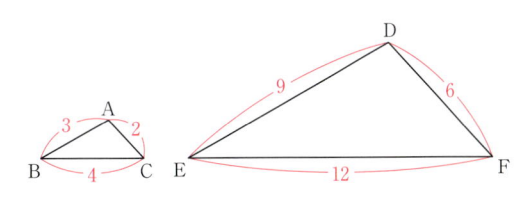

ここがコツ ●：■ ＝ ■：● → ■×■ ＝ ●×●

「相似な図形→対応する辺の比は等しい」を使って辺の長さを求めることがあります。このとき比例式を立てて解きますので、ここではそのやり方を学習します。

やり方は簡単です。●：■ ＝ ■：● → ■×■ ＝ ●×● にあてはめるだけです。

例　3：4＝x：12　にあてはまるxを求めてください。

3：4＝x：12　→　4×x＝3×12　　$4x=36$　　$x=36×\dfrac{1}{4}=9$

演習　△ABC∽△DEFのとき、xを求めてください。

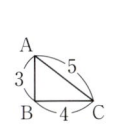

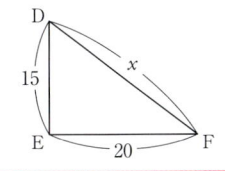

答と解説

「相似な図形→対応する辺の比は等しい」より、

3：15＝5：x　（AB：DE＝AC：DF）

↓

15×5＝3×x　→　75＝3x　→　$x=75×\dfrac{1}{3}=25$

ここまで、三角形の相似条件、相似の証明の流れ、相似な図形→対応する辺の比が等しい、比例式を解くときは、●：■ ＝ ■：● → ■×■ ＝ ●×●を使う、をやりました。

次のページの演習で、これらの総合問題にチャレンジしましょう。

演習

右図で∠AED＝∠Bのとき（ならば）

(1)△AED∽△ABCを証明してください。

(2)相似比を求めてください。

(3)DEの長さを求めてください。

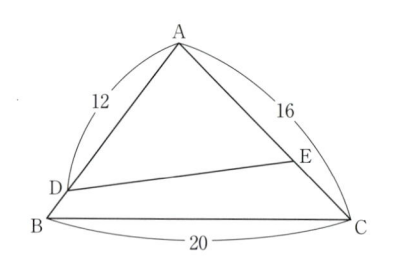

答と解説

さっそく流れにそってやってみましょう。

(1)仮定を図に書き込む

仮定は（ならば）の前に書いてあります。

∠AED＝∠Bを図に書き込みます。

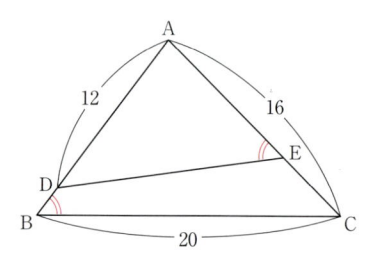

対頂角・共通があれば書き込む

ここでは∠Aは共通、があるので、これを書き込みます。

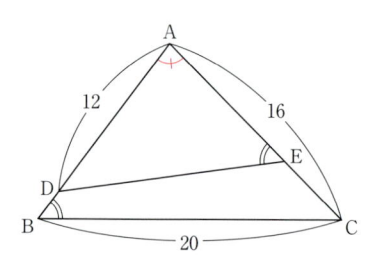

証明を書く（右上の図をみながら書きます）

（証明）△AEDと△ABCについて

∠AED＝∠B（仮定）…①

∠Aは共通…②

よって、①②より、△AED∽△ABC（2組の角がそれぞれ等しい）

(2)相似比は対応する辺の比だから、

　　AD：AC＝12：16＝3：4　……答

(3)DE＝xとすると、対応する辺の比は等しいから、

　　3：4＝x：20　　←（AD：AC＝DE：CB）

　　3：4＝x：20 → 4×x＝3×20 → 4x＝60　x＝60×$\frac{1}{4}$＝15

　　DE＝15　……答

3 平行線の性質

> **ここがコツ**　平行線 → 同位角・錯角は等しい

　右図のように同じ側の1つおきの角∠aと∠c、∠bと∠d、∠eと∠g、∠fと∠hを同位角といいます。m∥n（mとnは平行）のとき、∠a＝∠c、∠b＝∠d、∠e＝∠g、∠f＝∠hの同位角は等しくなります。

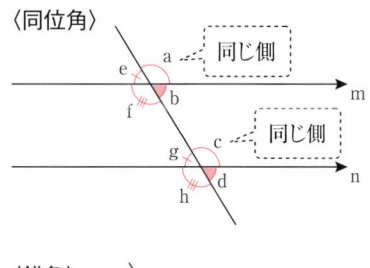

　右図のように内側のクロスする角∠bと∠g、∠fと∠cを錯角といいます。m∥nのとき、∠b＝∠g、∠f＝∠cの錯角は等しくなります。

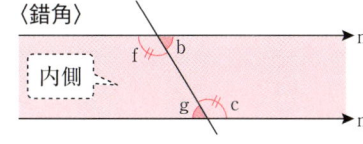

例　m∥nのとき、∠aと∠bを求めてください。

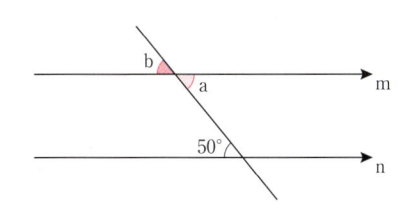

m∥nのとき、同位角は等しいから、∠b＝50°、錯角は等しいから∠a＝50°（このあと対頂角は等しいから∠a＝∠b＝50°として、∠bを出すこともできます）。

> **演習**　m∥nのとき、∠aと∠bを求めてください。
>
> ∠a＝(　　)°
> ∠b＝(　　)°

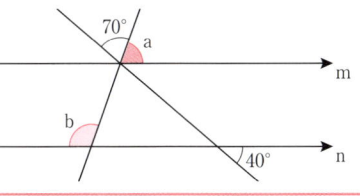

答と解説　わかるところから書き込むのが鉄則ですから

① 40°の同位角 **40°** を書き込みます。

② **40°**＋∠a＋70°＝180°より
　　∠a＝180°−70°− **40°** ＝70°

③ ∠a＝70°の同位角 **70°** を書き込む。

④ **70°**＋∠b＝180°より　∠b＝110°

　∠a＝(70)°　　∠b＝(110)°　…答

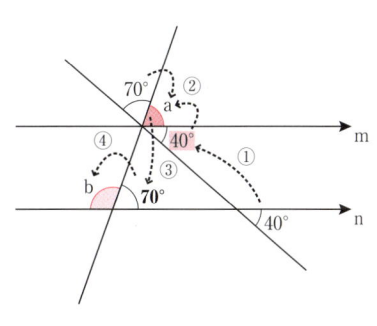

PART 11 図形

ここがコツ　平行線に折れ線 → 平行線を補助線

m∥nに折れ線が入った場合、mとnに平行な直線を**補助線**（問題を解くために補助的に書き込む線）として書き入れます。

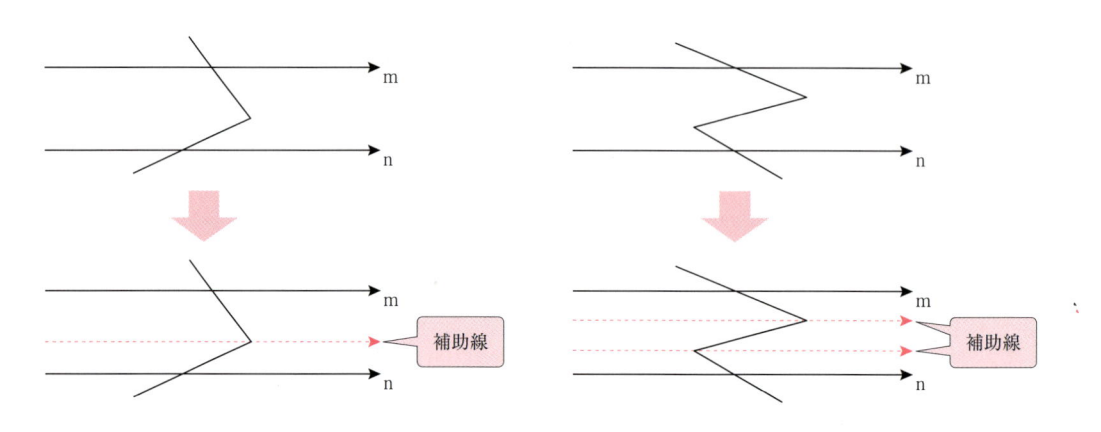

例　m∥nのとき、∠aを求めてください。

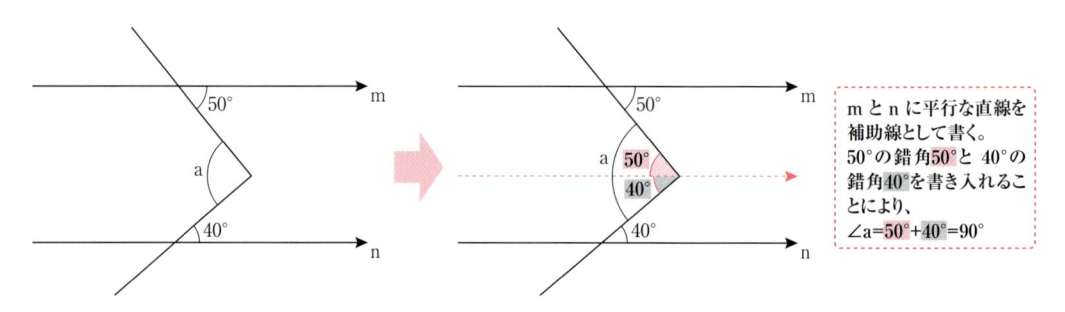

mとnに平行な直線を補助線として書く。50°の錯角50°と40°の錯角40°を書き入れることにより、
∠a=50°+40°=90°

演習　m∥nのとき、∠xの大きさを求めてください。

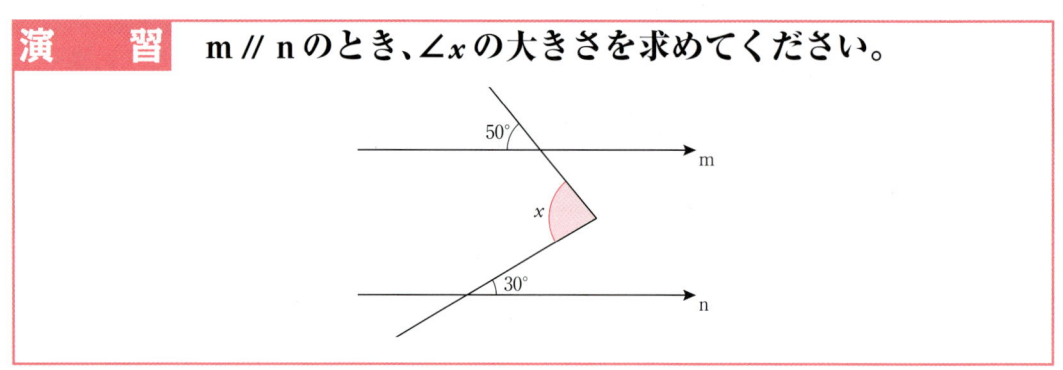

答と解説

mとnに平行な直線を補助線として書く。50°の同位角50°と30°の錯角30°を書き入れることにより、

∠x = 50° + 30° = 80°　……**答**

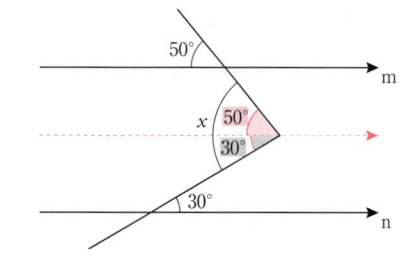

ここがコツ 平行線 → 比の移動

s ∥ m ∥ n のとき、
AB：BC = 3：2 → DB：BF = 3：2
AB：AC = 3：5 → GH：GI = 3：5
このように比が移動します。

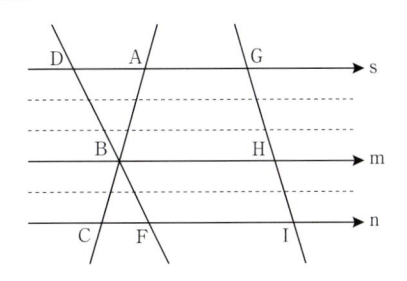

例 s ∥ m ∥ n のとき、x を求めてください。

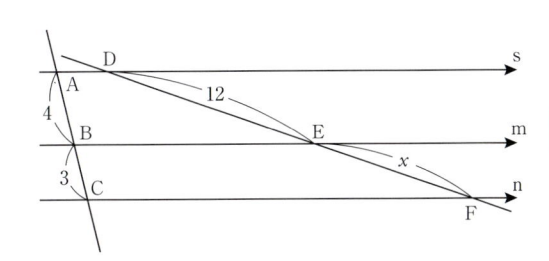

AB：BC = 4：3 → DE：EF = 4：3
そこで、4：3 = 12：x
3 × 12 = 4 × x 36 = 4x
$x = 9$

演習 s ∥ m ∥ n のとき、x, y, z を求めてください。

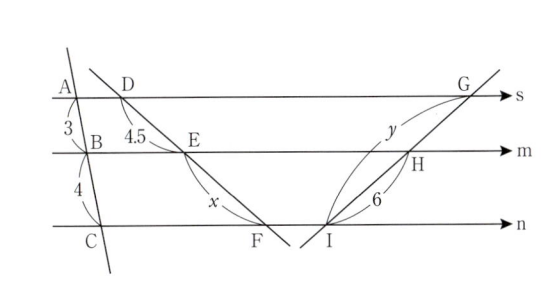

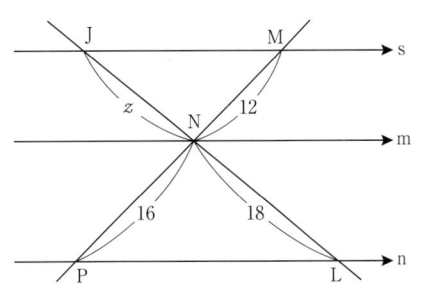

答と解説

AB：BC = 3：4 → DE：EF = 3：4 そこで 3：4 = 4.5：x
4 × 4.5 = 3 × x 18 = 3x $x = 6$ ……答

BC：CA = 4：7 → HI：IG = 4：7 そこで 4：7 = 6：y
7 × 6 = 4 × y 42 = 4y $y = 42 × \frac{1}{4} = \frac{42}{4} = \frac{21}{2}$ ……答

MN：NP = 12：16 → JN：NL = 12：16 そこで 12：16 = z：18
16 × z = 12 × 18   16z = 216 $z = 216 × \frac{1}{16} = \frac{216}{16} = \frac{54}{4} = \frac{27}{2}$ ……答

PART 11 図形

4 円周角と相似

> **ここがコツ** 円周角＝中心角の $\frac{1}{2}$

∠AOBは弧AB（$\overset{\frown}{AB}$）の**中心角**です。

これに対し∠APB ∠AQB ∠ARB……を弧AB（$\overset{\frown}{AB}$）の**円周角**といいます。弧AB（$\overset{\frown}{AB}$）の円周角はこのようにいくつもあります。中心角と円周角の関係は、たとえば中心角∠AOBが80°のとき、円周角∠APB＝∠AQB＝∠ARB＝40°です。

円周角＝中心角の $\frac{1}{2}$ になります。

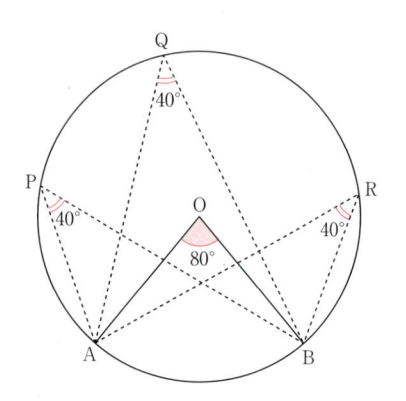

例 下図の∠aと∠bを求めてください。

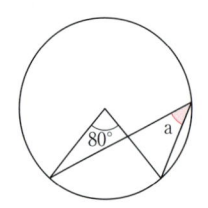

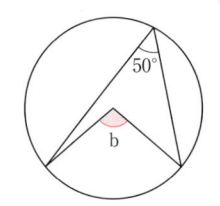

円周角は中心角の $\frac{1}{2}$ だから、
∠a＝80°×$\frac{1}{2}$＝40°

円周角は中心角の $\frac{1}{2}$ だから中心角は円周角の2倍。そこで∠b＝50°×2＝100°

> **ここがコツ** 同じ弧の円周角を書き込む

左下図が与えられたとき、右下図のように、弧BCの円周角40°と弧DCの円周角60°を書き込みます。これが円周角の計算および円周角と相似の証明の攻め方です。

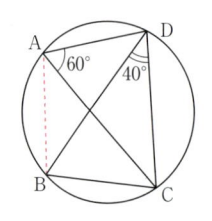

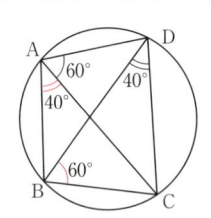

演習　下図の∠aと∠bを求めてください。

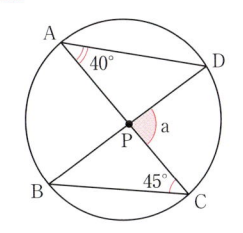

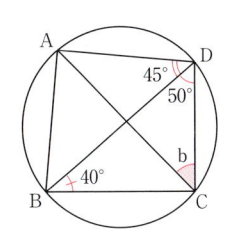

答と解説

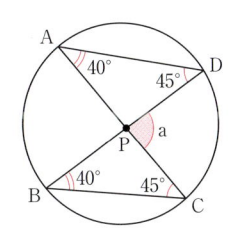

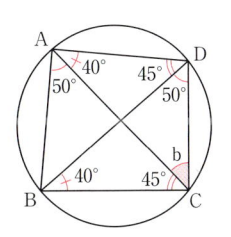

左図について

弧ＤＣの円周角
∠ＣＡＤ＝∠ＣＢＤ＝40°と
弧ＡＢの円周角
∠ＡＣＢ＝∠ＡＤＢ＝45°
を書き入れます。
△ＢＰＣの内角の和は180°だから、
40°＋45°＋∠ＢＰＣ＝180°
∠ＢＰＣ＝95°
∠ＢＰＣ＋∠a＝95°＋∠a＝180°
だから、∠a＝85°　……答

右図について

弧ＤＣの円周角∠ＣＢＤ＝∠ＣＡＤ＝40°
弧ＢＣの円周角∠ＣＤＢ＝∠ＣＡＢ＝50°
弧ＡＢの円周角∠ＡＤＢ＝∠ＡＣＢ＝45°
を書き入れます。
△ＢＣＤの内角の和は180°だから、
50°＋40°＋45°＋∠b＝180°
∠b＝180°－50°－40°－45°＝45°　……答

ここがコツ　直径 → 円周角90°

左下図のように直径が与えられたとき、右下図のように円周角90°を書き込みます。これも円周角の計算および円周角と相似の証明の攻め方です。

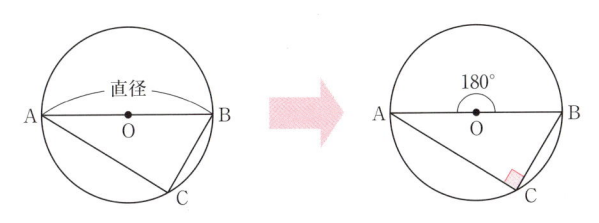

弧ＡＢに対する中心角は180°
円周角＝中心角の$\frac{1}{2}$だから、
∠ＡＣＢ＝90°。

演習 ∠aと∠bを求めてください（Oは円の中心です）。

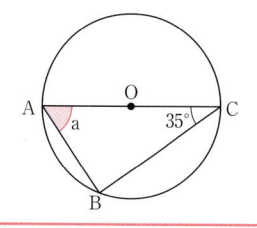

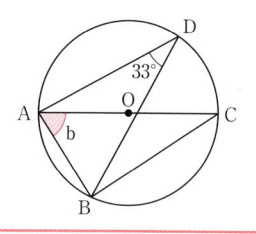

答と解説

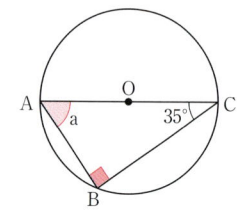

左図について

ACは直径 → ∠ABC＝90°を図に書き込む。

∠a＋35°＋90°＝180°より

∠a＝55° …**答**

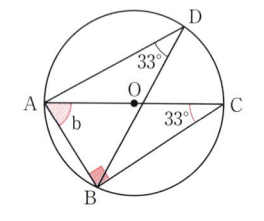

右図について

同じ弧（弧AB）に対する円周角。

∠ACB＝33°を書き込む。

ACは直径 → ∠ABC＝90°を書き込む。

∠b＋90°＋33°＝180°より ∠b＝57° …**答**

　これから円周角と相似の証明をしますが、証明の流れは当然これまでの三角形の合同および相似の証明と同じです。

仮定を図に書き込む→対頂角・共通があれば書き込む→証明を書くです。
　　　　　↑
　ここが「同じ弧に対する円周角を書き込む」「直径→円周角90°を書き込む」になります。

例 右図のように円の弦AB、CDが円の内部の点Pで交わっています（ならば）。このとき△APC∽△DPBを証明してください。またAP＝8　BP＝3　DP＝4のとき、CPの長さを求めてください。

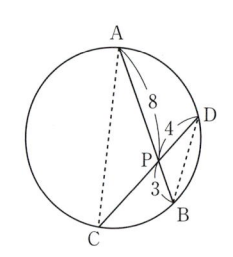

　さっそく流れにそってやってみましょう。

仮定を図に書き込む

仮定は（ならば）の前に書いてあります。

　仮定は円ですから、同じ弧の円周角や直径→円周角90°があれば書き込みます。ここでは弧CBの円周角より∠CAP＝∠BDP、弧ADの円周角より∠ACP＝∠DBPです。

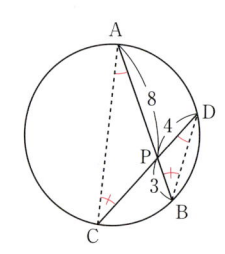

対頂角・共通があれば書き込む

対頂角∠ＡＰＣ＝∠ＤＰＢがありますが、仮定だけで、相似条件が整いましたので、ここでは書き込みは省略します。

証明を書く（前ページの図をみながら書きます）

（証明）△ＡＰＣと△ＤＰＢについて

∠ＣＡＰ＝∠ＢＤＰ（$\overset{\frown}{CB}$の円周角）…①

∠ＡＣＰ＝∠ＤＢＰ（$\overset{\frown}{AD}$の円周角）…②

①②より、△ＡＰＣ∽△ＤＰＢ（2組の角がそれぞれ等しい）

ＣＰの長さを求めます。△ＡＰＣ∽△ＤＰＢ　対応する辺の比は等しいから、

ＡＰ：ＤＰ＝ＣＰ：ＢＰ　　ＡＰ＝8　　ＤＰ＝4　　ＢＰ＝3　　ＣＰ＝xとすると、

$8:4=x:3$　　$4\times x=8\times 3$　　$4x=24$　　$x=6$　　ＣＰ＝6

演習

Oは円の中心です。∠ＡＨＤ＝90°のとき（ならば）
△ＡＢＣ∽△ＨＤＡを証明してください。

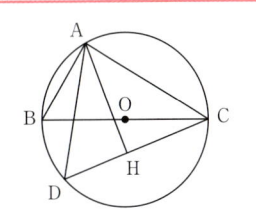

答と解説

さっそく流れにそってやってみましょう。

仮定を図に書き込む

仮定は（ならば）の前に書いてあります。

ＢＣ直径（Ｏが円の中心だから）→∠ＢＡＣ＝90°

∠ＤＨＡ＝90°

∠ＡＢＣ＝∠ＨＤＡ（$\overset{\frown}{AC}$の円周角）を書き込みます。

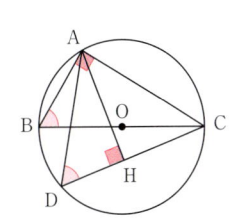

対頂角・共通があれば書き込むはありません。

証明を書く（右上図をみながら書きます）

（証明）△ＡＢＣと△ＨＤＡについて

∠ＢＡＣ＝∠ＤＨＡ（ＢＣ直径より∠ＢＡＣ＝90°　∠ＤＨＡ＝90°）…①

∠ＡＢＣ＝∠ＨＤＡ（$\overset{\frown}{AC}$の円周角）…②

①②より△ＡＢＣ∽△ＨＤＡ（2組の角がそれぞれ等しい）　……**答**

PART 12　三平方の定理

1　平面図形と三平方

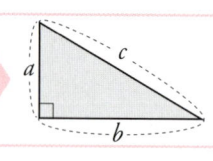

ここがコツ　$a^2 + b^2 = c^2$　「三平方の定理」

直角三角形の3つの辺の長さを a　b　c（c は斜辺）とすると、$a^2 + b^2 = c^2$「三平方の定理」が成り立ちます。これを使って、直角三角形の辺の長さが計算できます。

例　下図の x を求めてください。

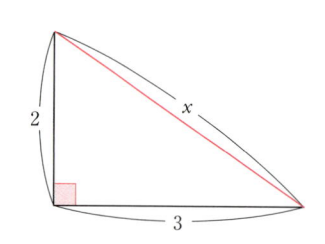

三平方の定理より
$2^2 + 3^2 = x^2$　　　$4 + 9 = x^2$　　　$13 = x^2$
$x > 0$ より　　　$x = \sqrt{13}$

(注) $x^2 = 13$ より、$x = \pm\sqrt{13}$（$x = +\sqrt{13}, -\sqrt{13}$）
ですが、$x > 0$ なので、$x = -\sqrt{13}$ は不適です。

演習　下図の x を求めてください。

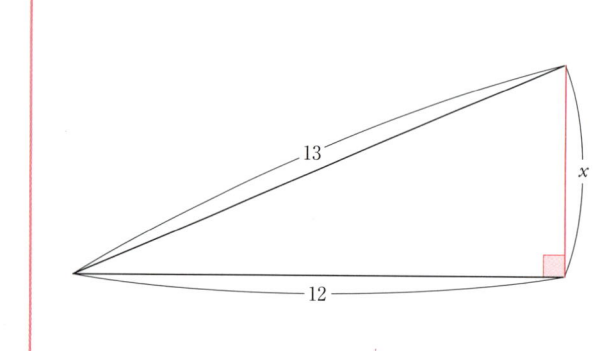

（　　　　）より
（　　　　）
以下、解いてください。
$x = ($　　$)$

答と解説

（三平方の定理）より、
$(x^2 + 12^2 = 13^2)$
$(x^2 + 144 = 169)$
　　$(x^2 = 169 - 144)$
　　$(x^2 = 25)$
$x > 0$ より　$x = (5)$　……答

ここがコツ　直角三角形の組み合わせ　→計算できるところから求める

例　次の図の x を求めてください。

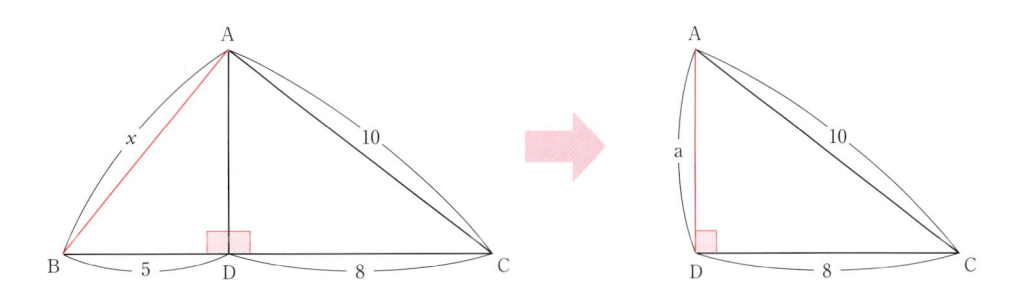

計算できるところ（AD）から求めます。AD $= a$ とおいて求めます。

△ACDについて三平方の定理より、

$a^2 + 8^2 = 10^2$ 　　$a^2 + 64 = 100$ 　　$a^2 = 100 - 64 = 36$ 　　$a > 0$ より　　$a = 6$

△ABDについて三平方の定理より、

$6^2 + 5^2 = x^2$

$36 + 25 = x^2$

$61 = x^2$

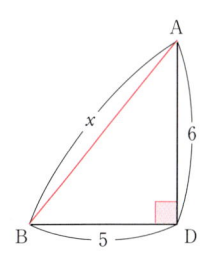

$x > 0$ より　　$x = \sqrt{61}$

演習　次の図の x を求めてください。

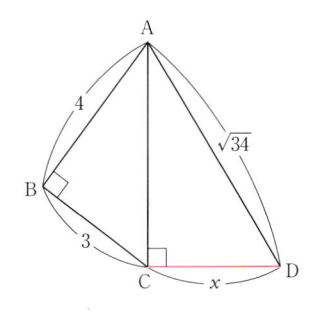

答と解説

計算できるところ（AC）から求めます。AC $= y$ とおいて、△ABCについて三平方の定理より、$4^2 + 3^2 = y^2$ 　　$16 + 9 = y^2$ 　　$25 = y^2$ 　　$y > 0$ より　　$y = 5$

次に、△ACDについて三平方の定理より、

$5^2 + x^2 = (\sqrt{34})^2$ 　　$25 + x^2 = 34$ 　　$x^2 = 34 - 25 = 9$ 　　$x > 0$ より　　$x = 3$　……答

PART 12　三平方の定理

2 空間図形と三平方

> **ここがコツ** 求める辺を含む断面抜書き

例 直方体の対角線AGの長さを求めてください。

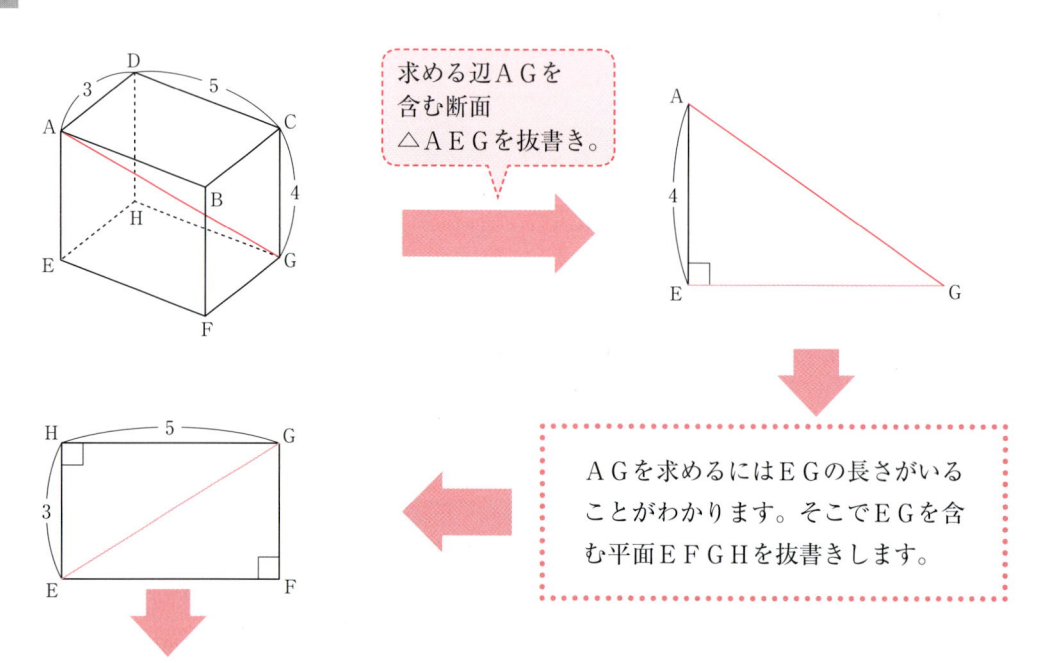

求める辺AGを含む断面△AEGを抜書き。

AGを求めるにはEGの長さがいることがわかります。そこでEGを含む平面EFGHを抜書きします。

$EG = y$ とおきます。△HEGについて、三平方の定理より、

$3^2 + 5^2 = y^2 \qquad 9 + 25 = y^2 \qquad 34 = y^2 \qquad y > 0 より \qquad y = \sqrt{34}$

これを△AEGに書き入れます。求める辺AGに x を書き入れます。

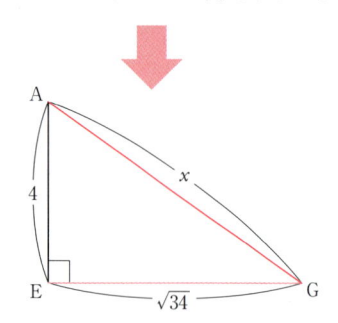

△AEGについて、AG $= x$ とおくと、三平方の定理より、

$4^2 + (\sqrt{34})^2 = x^2 \qquad 16 + 34 = x^2 \qquad 50 = x^2$

$x > 0 より \qquad x = \sqrt{50} = \sqrt{25} \times \sqrt{2} = 5\sqrt{2} \qquad AG = 5\sqrt{2}$

演習 底面が1辺4cmの正方形でAB = 6cmの
正四角錐A - BCDEの高さhを求めてください。

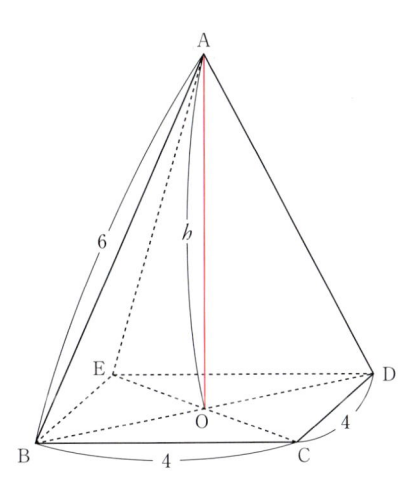

答と解説

高さhを含む断面△ABOを抜書きします。

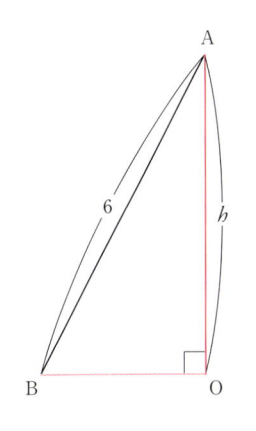

hを求めるためには
BOの長さが必要。
そこで平面BCDE
を抜書きします。

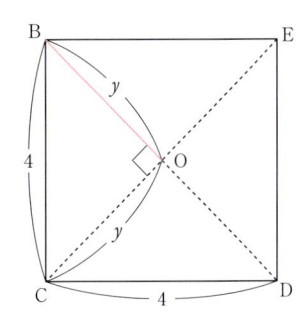

BO = EO = yとおきます。三平方の定理より、

$y^2 + y^2 = 4^2$ $2y^2 = 16$ $y^2 = 8$ $y > 0$より $y = 2\sqrt{2}$

BO = $2\sqrt{2}$を上左図に書き込みます。

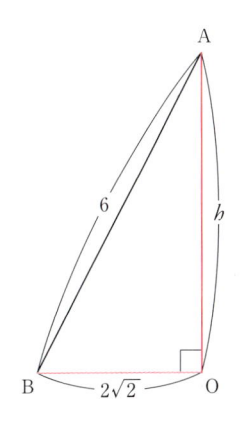

三平方の定理より、

$(2\sqrt{2})^2 + h^2 = 6^2$

$8 + h^2 = 36$ $(2\sqrt{2})^2 = 2\sqrt{2} \times 2\sqrt{2} = 2 \times 2 \times (\sqrt{2})^2 = 2 \times 2 \times 2 = 8$

$h^2 = 36 - 8 = 28$

$h > 0$より $h = \sqrt{28} = \sqrt{4} \times \sqrt{7} = 2\sqrt{7}$ ……**答**

著者略歴

間地秀三（まじ・しゅうぞう）

1950年生まれ。長年にわたり小学・中学・高校生に数学の個人指導を行う。その経験から生み出された、短時間で簡単にわかる数学・算数のマスター法を数学書として発表、好評を博する。
主な著書に、『小学6年分の算数の解き方』（明日香出版社）、『小学校6年間の算数が6時間でわかる本』（PHP研究所）など多数。

中学3年間の数学を8時間でやり直す本

| 2011年3月29日 | 第1版第1刷発行 |
| 2012年2月3日 | 第1版第9刷発行 |

著　者　間地秀三
発行者　安藤　卓
発行所　株式会社PHP研究所
東京本部　〒102-8331　千代田区一番町21
　　　　　生活文化出版部　☎03-3239-6227（編集）
　　　　　普及一部　　　　☎03-3239-6233（販売）
京都本部　〒601-8411　京都市南区西九条北ノ内町11
PHP INTERFACE　http://www.php.co.jp/

制作協力　株式会社PHPエディターズ・グループ
組　版
印刷所　図書印刷株式会社
製本所

© Shuzo Mazi 2011 Printed in Japan
落丁・乱丁本の場合は弊社制作管理部（☎03-3239-6226）へご連絡下さい。
送料弊社負担にてお取り替えいたします。
ISBN978-4-569-79567-6